高等院校风景园林类专业"十三五"规划系列教材·应用类

中外风景园林名作精解

主编 林墨飞 唐建 马辉

副主编 董雷 丛龙强 陈雷 郭潇

主审 肖剑 曹平平 张新果 刘婷婷

齐康

ZHONGWAI FENGJING YUANLIN

MINGZUO JINGJIE

重庆大学出版社

国家一级出版社
全国百佳图书出版单位

内容提要

本书是高等院校风景园林类专业"十三五"规划系列教材之一。全书按照作品分布的地域分为4章,精选了123个从古代到近现代中外风景园林的代表实例,全面解析了每个作品的设计理念、设计者、营建过程、历史变迁、艺术成就等,有助于读者熟悉中外风景园林艺术的发展历程及特点,从而提高其专业素养和理解能力,丰富园林艺术的创作手法。

本书的写法以实例图说为主,力求论述科学、系统、生动,结构清晰,文风简练,可作为高等院校风景园林学、设计学、建筑学、城乡规划学等学科的专业教材。其丰富且具代表性的案例解析也适用于更广泛的行业,特别是对于风景园林行业的设计人员具有较高的参考价值。

图书在版编目(CIP)数据

中外风景园林名作精解 / 林墨飞,唐建,马辉主编
. -- 重庆:重庆大学出版社,2019.11
高等院校风景园林类专业"十三五"规划系列教材.
应用类
ISBN 978-7-5624-8448-6

Ⅰ.①中… Ⅱ.①林…②唐…③马… Ⅲ.①园林设
计—世界—高等学校—教材 Ⅳ.①TU986.61

中国版本图书馆 CIP 数据核字(2019)第 026943 号

中外风景园林名作精解

主 编:林墨飞 唐 建 马 辉
副主编:董 雷 丛龙强 陈 雷 郭 潇
　　　肖 剑 曹平平 张新果 刘婷婷
主 审:齐 康
策划编辑 何 明
责任编辑:何 明　版式设计:黄俊棚 莫 西 何 明
责任校对:谢 芳　责任印制:赵 晟

*

重庆大学出版社出版发行
出版人:饶帮华
社址:重庆市沙坪坝区大学城西路 21 号
邮编:401331
电话:(023)88617183　88617185(中小学)
传真:(023)88617186　88617166
网址:http://www.cqup.com.cn
邮箱:fxk@cqup.com.cn(营销中心)
全国新华书店经销
重庆长虹印务有限公司印刷

*

开本:787mm×1092mm　1/16　印张:14.25　字数:394千
2019 年 11 月第 1 版　2019 年 11 月第 1 次印刷
印数:1—2 000
ISBN 978-7-5624-8448-6　定价:66.00 元

· 编委会 ·

· 编写人员 ·

主　编　林墨飞　大连理工大学

唐　建　大连理工大学

马　辉　大连理工大学

副主编　董　雷　大连市市政设计研究院

丛龙强　大连艺术学院

陈　雷　大连艺术学院

郭　潇　大连民族大学

肖　剑　大连工业大学

曹平平　大连外国语大学

张新果　西北农林科技大学

刘婷婷　大连理工大学

主　审　齐　康　东南大学

PREFACE 前言

弗兰西斯·培根在《论园林》一文中写道:"万能的上帝是头一个经营花园者。园艺之事也的确是人生乐趣中之最纯洁者。它是人类精神最大的补养品,若没有它,则房舍宫邸都不过是粗糙的人造品,与自然无关。"培根的这段话精辟地概括了造园对于人类精神活动的重要性。自古以来,人们总是乐此不疲于造园。从我国殷商时期的苑囿、古巴比伦的空中花园,到欧洲古典的勒·诺特园林,再到当代丰富多彩的园林艺术,无论在实体建造和理想营建上,人类的造园都取得了辉煌灿烂的成就。

世上没有两片相同的树叶,园林亦然。世界各国各地区地理条件、文化传统、民族习俗和宗教信仰的不同,园林的发展历程也各不相同,但有一点却是相同的,那就是人们对创造美好生活环境的希冀。这种对美好生活环境的追求与创造,又都同大自然的美紧密地联系起来。于是,遵循自然、模仿自然、改造自然的造园道路,产生了异彩纷呈的园林艺术流派和风格。学习中外风景园林名作,便是要认识古今中外风景园林产生、发展变迁的历史规律,知古鉴今,继往开来,为风景园林建设提供重要的历史借鉴。

本书以众多文献、专著和作者多年的研究积累为基础,广泛吸收国内外园林史的学术成果,精炼成册。选取的123个风景园林名作都具有不同的代表性,并且通过提高近、现代优秀作品的收录比例,以增强时效性和使用价值,并做到图文并茂;对每个作品的设计理念、设计者、营建过程、历史变迁、艺术成就等做了详细解析,有较强的知识性与可读性。

本书由大连理工大学的林墨飞、唐建、马辉任主编,大连艺术学院丛龙强、陈雷,大连民族大学郭潇,大连工业大学肖剑、大连外国语大学曹平平、西北农林科技大学张新果、大连理工大学刘婷婷任副主编。在本书的编写过程中,东南大学齐康院士对本书进行了认真审校,并提出了宝贵的修改意见;大连理工大学建筑与艺术学院霍丹、腾新学等同志在资料收集与查阅方面做了大量工作;孟方卿、许明明、王淑霞等同志参加了资料收集与整理工作。本书在出版中得到了重庆大学出版社的大力支持。在此,对本书形成过程中给予关怀和付出劳动的师长、同仁和编辑致以衷心的感谢。

限于作者的学识水平和研究条件,书中难免有疏漏之处,恳请广大读者批评指正。

大连理工大学建筑与艺术学院

林墨飞　唐　建

2019 年 8 月

CONTENTS 目录

1 亚洲风景园林名作

1.1 中 国

实例1 西湖(West Lake)

西湖位于浙江省杭州市西部,古称钱塘湖,又名西子湖,自宋代始称西湖。在古代,西湖是和钱塘江相连的一个海湾,后钱塘江沉淀积厚,塞住湾口,变成一个礁湖,直到公元600年前后,湖泊的形态固定下来。唐宋时期奠定了西湖风景园林的基础轮廓,后经历代整修添建,特别是中华人民共和国成立后,挖湖造林、修整古迹,使西湖风景园林更加丰富完整,成为中外闻名的风景游览胜地。

现西湖面积约6.39平方千米,东西宽约2.8千米,南北长约3.2千米,周长近15千米。湖中南北向的苏堤、东西向的白堤把西湖分割为外湖、里湖、小南湖、岳湖和西里湖五个湖面。在外湖中鼎立着三潭印月、湖心亭和阮公墩三个小岛,这是延袭汉建章宫太液池①中立三山的做法。西湖的南、西、北三面被群山环抱,这一山山秀丽的景色构成西湖的主景,其整体面貌十分突出动人。西湖的周边、山中、湖中也都组织了不同特色的园景,通过园路将其串联起来,形成有序的园林空间序列。

小瀛洲

西湖风景在春夏秋冬、晴雨朝暮各不相同。西湖的春天,有"苏堤春晓""柳浪闻莺""花港观鱼"景观;夏日的"曲院风荷",秋季的"平湖秋月",冬天的"断桥残雪"各具美态。薄暮"雷峰夕照",黄昏"南屏晚钟",夜晚"三潭印月",雨后浮云"双峰插云",又都美丽宜人。这些著名的"西湖十景",以及其他许多园中园景观展现了西湖四季朝暮的自然景观。

---

①汉武帝刘彻于太初元年(公元前104年)建造的宫苑。建章宫北为太液池。《史记·孝武本纪》载:"其北治大池,渐台高二十余丈,名曰太液池,中有蓬莱、方丈、瀛洲、壶梁象海中神山,龟鱼之属。"太液池是一个相当宽广的人工湖,因池中筑有三神山而著称。这种"一池三山"的布局对后世园林有深远影响,并成为创作池山的一种模式。

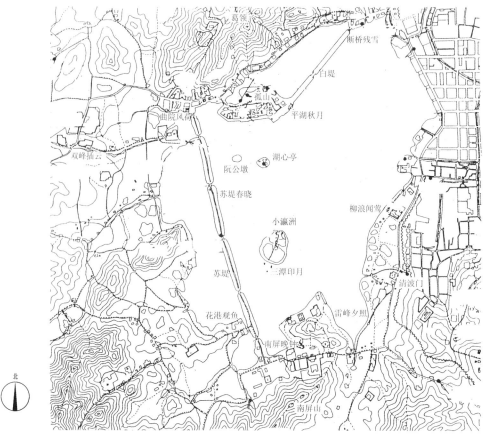

西湖平面图

曲院风荷

三潭印月

西湖不但山水秀丽,而且还有丰富的文物古迹、优美动人的神话传说,自然、人文、历史、艺术,巧妙地融合在一起。它是利用自然创造出的自然风景园林,极具中国园林特色,是中国乃至全世界最优秀的园林作品之一。

实例2 沧浪亭(Canglang Pavilion Garden,969年)

沧浪亭位于苏州市人民路南端,是苏州最古老的园林。北宋时为文人苏舜钦购得,定名"沧浪亭",取《孟子·离娄》和《楚辞》所载孺子歌"沧浪之水清兮,可以濯我缨;沧浪之水浊兮,可以濯我足"之意。

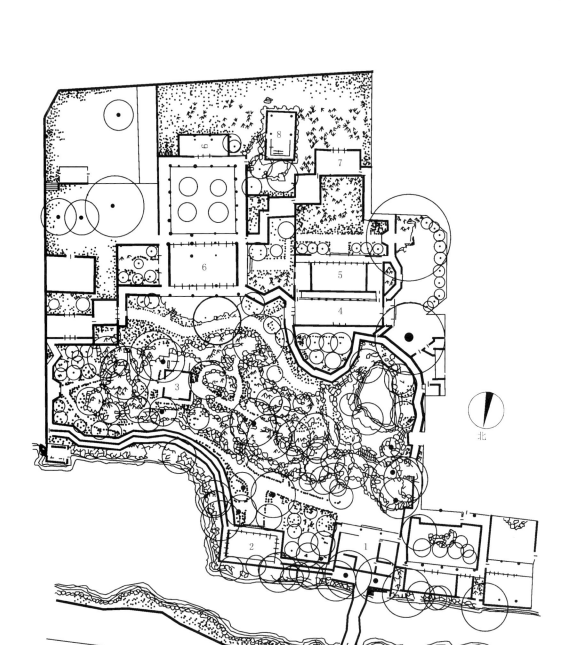

沧浪亭平面图

1.大门　　2.面水轩　　3.沧浪亭　　4.清香馆　　5.五百名贤祠
6.明道堂　　7.翠玲珑　　8.看山楼　　9.瑶华境界

　　沧浪亭全园布局自然和谐,景色简洁古朴。园林面水而建,溪流由南门前流过,一座古朴石桥架于溪流之上。过桥入园,迎面即为山林之景,有开门见山的独特构思。该园中部为一大型山丘,上有古木掩映,最高处筑有沧浪亭,四周环建大小建筑和曲廊。

　　沧浪亭采用了园外借山、园前借水的手法,将门前的溪流与园中的水轩、藕香榭、观鱼处等融为一体;又通过西南处高二层的看山楼,远眺城外,巧借诸峰,将园内外的景色互相引借,使山、水、建筑构成整体。其中,在园林东北面以复廊将园内与园外进行了巧妙的分隔,形成了既分又连的山水借景,在复廊临水一侧行走,有"近水远山"之情;而在复廊近山一侧行走,则产生"近山远水"之感。此外,全园漏窗共108式,图案花纹变化多端,造型题材多变,无一雷同,构造精巧且意象丰富,起到了拓展空间的作用,使园外之水与园内之山相映成趣、相得益彰,成为园林借景的典范。

　　该园自西向东,分别建有闻妙香室、明道堂、瑶华境界、看山楼、翠玲珑、仰止亭、五百名贤祠等建筑。其中明道堂体量最大,为讲学之所;看山楼最高,可望西南郊诸山峰秀色;翠玲珑最为雅静,历来为文人墨客觞咏诗画之地。而沧浪亭隐藏在山顶之上,飞檐凌空。亭的结构古雅,与整个园林的气氛相协调。石柱上石刻对联:"清风明月本无价;近水远山皆有情"。上联选自欧阳修的《沧浪亭》,下联选自苏舜钦的《过苏州》。

　　沧浪亭在选址、布局、建筑、种植等方面集中体现了江南私家园林的造景特征,堪称构思巧妙、手法得宜的园林佳作。

沧浪亭

复廊

明道堂

园门

园内景色

园外景色

实例3 北海（Beihai）

北海位于北京市的中心，是我国现存最悠久、保存最完整的皇家园林之一。

乾隆时北海琼华岛平面图

1. 永安寺山门
2. 法轮殿
3. 正觉殿
4. 普安殿
5. 善因殿
6. 白塔
7. 静憩轩
8. 悦心殿
9. 庆霄楼
10. 蟠青室
11. 一房山
12. 琳光殿
13. 甘露殿
14. 水精域
15. 揖山亭
16. 阅古楼
17. 酣古堂
18. 亩鉴室
19. 分凉阁
20. 得性楼
21. 承露盘
22. 道宁斋
23. 远帆阁
24. 碧照楼
25. 漪澜堂
26. 延南薰
27. 揽翠轩
28. 交翠亭
29. 环碧楼
30. 晴栏花韵
31. 倚晴楼
32. "琼岛春阴"碑
33. 看画廊
34. 见春亭
35. 智珠殿
36. 迎旭亭

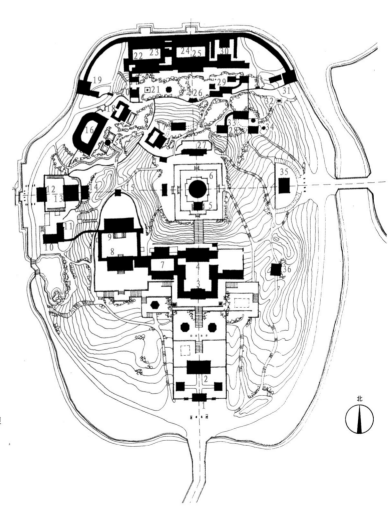

北

北海的开发始于辽代,金代又在辽代初创的基础上于大定十九年(1179 年)建成规模宏伟的太宁宫。太宁宫沿袭我国皇家园林的规制,并将北宋汴京艮岳御园中的太湖石移置于琼华岛上。元至元四年(1267 年),元世祖忽必烈以太宁宫琼华岛为中心营建大都,琼华岛及其所在的湖泊被划入皇城,赐名万寿山(亦名万岁山)、太液池。明代时仍沿用,并在南端加挖了南海,合中海、北海为三海,统称为西苑,是明朝主要的御苑。清代在三海中又有许多兴建,尤其是北海。清顺治八年(1651 年)在琼华岛山顶建喇嘛塔(白塔),山前建佛寺。乾隆时期对北海进行大规模的改建,奠定了此后的规模和格局。

北海占地 69 万平方米(其中水面 39 万平方米),布局以池岛为中心,池周环以若干建筑群。琼华岛是金、元遗迹,以土堆成,但北坡叠石成洞,洞长百米左右,有出口多处,可通至各处亭阁。琼华岛山顶元、明时为广寒殿,顺治八年改建为喇嘛塔,成为全园构图中心。乾隆时岛上兴建了悦心殿、庆霄楼、琳光殿和假山石洞等,并在山北沿池建二层楼的长廊,用以衬托整个万岁山。长廊与喇嘛塔之间的山坡上建有许多亭廊轩馆,山南坡、西坡又有殿阁布列其间,使四面隔池遥望都能

"琼岛春阴"碑

组成丰富的轮廓线。琼华岛南隔水为团城(明称圆城),上有承光殿一组建筑群,登此可作远眺。两者之间有一座曲折的石拱桥,将两组建筑群的轴线巧妙地联系起来。北海北岸布置了几组宗教建筑,有小西天、大西天、阐福寺等,还有大圆智宝殿前彩色琉璃镶砌的九龙壁。从北面池畔的五龙亭隔岸遥望琼华岛万岁山,景色优美。在北海东岸和北岸还有濠濮间、画舫斋和静心斋三组幽曲封闭的小景区,与开阔的北海形成对比。

北海园林博采众长,有北方园林的宏阔气势和江南私家园林婉约多姿的风韵,并蓄皇家宫苑的富丽堂皇及宗教寺院的庄严肃穆,气象万千而又浑然一体,是中国园林艺术的瑰宝。

琼华岛鸟瞰

团城

九龙壁

实例4 狮子林(Lion Grove Garden,1342年)

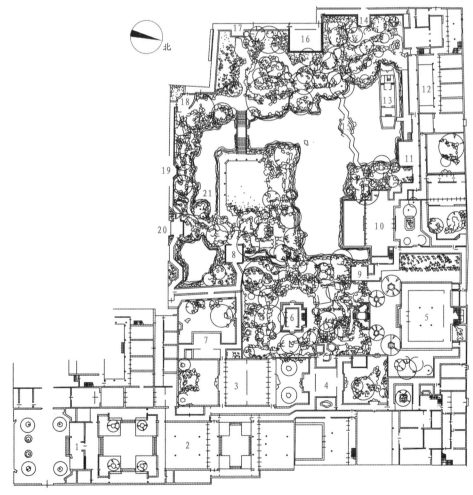

狮子林平面图

1. 门厅	2. 祠堂	3. 燕誉堂	4. 小方厅	5. 指柏轩	6. 卧云室	7. 立雪堂
8. 修竹阁	9. 见山楼	10. 荷花厅	11. 真趣亭	12. 暗香疏影楼	13. 石舫	14. 飞瀑亭
15. 湖心亭	16. 问梅阁	17. 双香仙馆	18. 扇面亭	19. 文天祥碑亭	20. 御碑亭	21. 小赤壁

狮子林位于苏州城内东北,今城东北园林路,占地1.1万平方米。此园最早是在元末至正二年(1342年)间,天如禅师为纪念其师中峰和尚而创建的,园内地形起伏,假山层叠奇特,好像群狮蛰伏,故此得名。全园布局紧凑,尤以假山闻名,四周长廊萦绕,花墙漏窗变化繁复,颇为可观。

狮子林园内东南多山,西北多水,四周高墙深宅,长廊环绕,楼台隐现,曲径通幽。布局上以中部的水池为中心,叠山造屋,移花栽木,架桥设亭,使得全园布局紧凑,富有"咫足山林"的意境。园内建筑从功用上可分祠堂、住宅与庭园三部分。景区则可分为东南和西北两个景区。

狮子林以湖石假山著称,以洞壑盘曲出入的奇巧取胜,有"假山王国"之称。狮子林的假山结构,横向极尽曲折,竖向力求回环起伏,通过模拟与佛教故事有关的人体、狮形、兽像等,喻佛理于其中,以达到渲染佛教气氛之目的。山体分上、中、下三层,有山洞21个,曲径9条。它的山洞做法也不完全是以自然山洞为蓝本,而是采用迷宫式做法,园东部叠山全部用湖石堆砌,并以佛经狮子作为拟态造型,进行抽象与夸张。山顶石峰有含晖、吐丹、玉立、昂霄、狮子诸峰,各具神态,千奇百怪。山上古柏、古松枝干苍劲。假山西侧设狭长水洞,将山体分成两部分。跨洞而造修竹阁,阁处模仿天然石壁溶洞形状,把假山连成一体。园林西部和南部山体则有瀑布、旱涧道、石磴道等,与建筑、墙体和水面自然结合,配以广玉兰、银杏、香樟和竹子等植物。

狮子林的水面面积不大,但配以桥、亭、水阁、瀑布、石船,以及池岸的崖壁、散礁、石矶、水涧,水体形态完备,景观丰富。园中部以水池为中心,东、南、西三面水随山转;整个水面由湖心亭、九曲桥、小岛、接驾桥、小赤壁分割成4个部分,面积约1 518平方米。

湖石假山

湖心亭

扇面亭

石舫

狮子林是文人墨客审美趣味在园林营建中的集中表达,不论是造园手法,还是体现在各方面的文化价值,都值得后人借鉴。

中部水池

实例5 寄畅园(Jichang Garden,1506—1521 年)

寄畅园位于无锡惠山东麓,在元朝曾为僧舍,明正德年间扩建成园,原称凤谷行窝,后改为寄畅园。清咸丰十年(1860 年)园毁,现在园内建筑都是后来重建的。其具体特点如下:

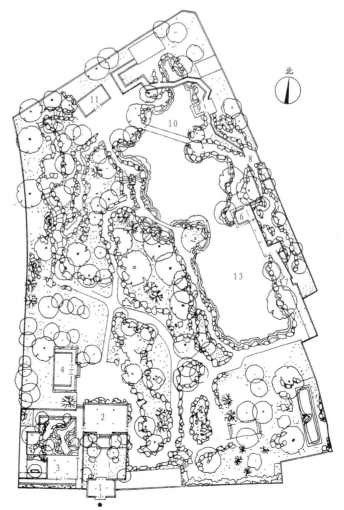

北

寄畅园平面图

1. 入口
2. 双孝祠
3. 秉礼堂
4. 含贞斋
5. 九狮台
6. 知鱼槛亭
7. 郁盘亭
8. 清响
9. 涵碧亭
10. 七星桥
11. 嘉树堂
12. 八音涧
13. 锦汇漪

1）成功的选址

寄畅园西靠惠山，东南有锡山，泉水充沛，自然环境幽美。在园景布置上很好地利用了这些特点组织借景，如可在树丛空隙中看见锡山上的龙光塔，将园外景色借入园内；从水池东面向西望又可看到惠山耸立在园内假山的后面，增加了园内的深度。同时，园内池水、假山就是引惠山的泉水和用本地的黄石做成。建筑物在总体布局上所占的比重很少，而以山水为主，再加上树木茂盛，布置得宜，因此园内就显得开朗，自然风光浓郁。

2）主体景色突出

园内主要部分是水池及其四周所构成的景色。由于假山南北纵隔园内，周围种植高大树木，使水池部分自成环境，显得很幽静。站在池的西、南、北三面，可以看见临水的知鱼槛亭、涵碧亭和走廊，影倒水中，相映成趣；由亭和廊西望，则是树木茂盛的假山，它与隔池的亭廊建筑形成自然和人工的对比。

从园内望惠山

槛池廊

寄畅园庭院

涵碧亭

水池南北狭长呈不规则形，西岸中部突出鹤步滩，上植大树两株。与鹤步滩相对处突出知鱼槛亭，将池一分为二，若断若续。池北又有桥将水面分为大小两处。由于运用了这种灵活的分隔，水池显得曲折而多层次。假山轮廓起伏，有主次，中部较高，以土为主；两侧较低，以石为主。土石间栽植藤萝和矮小的树木，使土石相配，比较自然。此山虽不高，但山上高大的树木增加了它的气势。山绵延至园的西北部又重新高起，似与惠山连成一片。在八音洞，有泉水蜿蜒流转，山涧曲折幽深，与水池一区的开朗形成对照。

3）景色的丰富变化

　　园门原在东侧。从现在西南角的园门入园后，是两个紧靠的小庭院，此处原是祠堂，后归园中，成为全园的入口处。出厅堂东和秉礼堂院北面的门后，视线豁然开朗，一片山林景色。在到达开阔的水池处前，又都必须经过曲折小路、谷道和洞道。这种不断分隔空间、变换景色所造成的对比效果，使人感觉到园内景色的生动和丰富多彩，从而不觉园子的狭小。

实例6　拙政园（The Humble Administrator's Garden，1509年）

　　拙政园位于苏州城内东北。明正德年间御史王献臣在这里建造园林，后多次易主分割，历经400余年。20世纪50年代初进行了全面修整和扩建，现在全园总面积约4万平方米，包括中区、东区和西区三个部分。

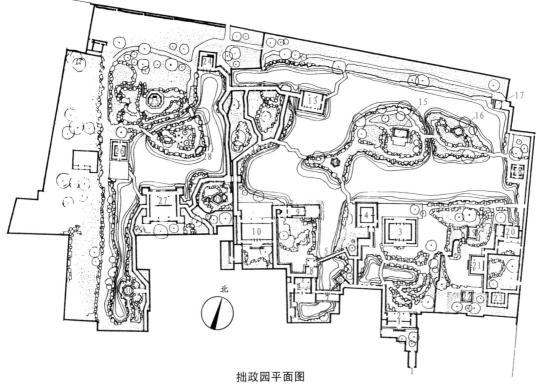

拙政园平面图

1.园门	6.松风亭	11.别有洞天	16.北山亭	21.玲珑馆	26.留听阁
2.腰门	7.小沧浪	12.柳荫曲路	17.绿漪亭	22.嘉实亭	27.三十六鸳鸯馆
3.远香堂	8.得真亭	13.见山楼	18.梧竹幽居	23.听雨轩	28.与谁同坐轩
4.倚玉轩	9.香洲	14.荷风四面亭	19.绣绮亭	24.倒影楼	29.宜两亭
5.小飞虹	10.玉兰堂	15.雪香云蔚亭	20.海棠春坞	25.浮翠阁	30.塔影亭

　　在拙政园中，中区为全园精华所在，面积约1.8万平方米，整体布局以水为心，空间开阔，层次深远，建筑精美。主体建筑为远香堂，三开间单檐歇山，四面玻璃门窗，是主人宴待宾客的地方，在其中可尽览四周景致。远香堂东南有枇杷园，内遍植枇杷、翠竹、芭蕉等植物，其院落布局疏密有致，装修精巧，富有田园气息，它还联系着听雨轩、海棠春坞等庭院。枇杷园北有小山相连，上建有绣绮亭，在此可纵览中区全园景色。远香堂北，荷池对岸有杂石土山，上遍植

香洲

与谁同坐轩

见山楼

绿树奇花,建有香云蔚亭。中区西北建有四面环水的见山楼,登临其上可观虎丘胜景,亦可朝东南观全园景色。远香堂西南,有小沧浪水院,小飞虹桥飞架其上,分割了水面,并与小沧浪水院形成了一个虚拟空间,此处轩榭精美小巧,原为主人读书之处。旱船在见山楼之南,三面临水二层,中悬文征明①所书"香洲"二字。香洲以西为清新幽静的玉兰堂。香洲以北,隔水相望为荷风四面亭,这里是东西南北交汇点,又是赏荷闻风之佳处。

拙政园西区占地0.8万平方米,中有四面环水小山一座,上建有浮翠阁,为西区最高点。西区主体建筑为三十六鸳鸯馆,分南北部分,南馆宜冬居,北馆宜夏居。该馆与浮翠阁隔水相对,西区东北有倒影楼、与谁同坐轩,坡形水廊临水相伴,互相呼应。西区西部建有留听阁,朝向正南,四面玻璃门窗,可环视西区全园景色。在西区东面近墙土山之上,建有"宜两亭",在此东望可观赏中部水景。而面西北,又可收西部景色于眼中,是邻借山水风光的佳例。

拙政园的东区,旧时建筑与叠石多不存在,现多为新中国成立后重修,布局以平岗草地为主,凿池筑山,配以亭阁,保留了传统,又有创新。

小飞虹

远香堂

①明代画家、书法家、文学家。

实例 7　留园(Lingering Garden,1593 年)

留园在苏州阊门外,原是明嘉靖年间徐泰时的东园。光绪初,更加扩大,增添建筑,改名为"留园"。全园可划分为东、中、西、北四区。中、西两区保存清代中期面貌尚多,东部则基本为晚清面貌,北部较空旷。紧邻宅邸之后的东、中、西三区各具特色:中区以山水见长;东区以建筑见长;西区是以大假山为主的山野风光。留园的艺术特色主要体现在:

1)丰富的石景

园内石景除了常见的叠石假山、屏障之外,还有大量的石峰特置和石峰丛置的石林。尤其是东区内的冠云峰,高6.5米,姿态奇伟,嵌空瘦挺,是苏州最大、最俊逸的特置峰石。冠云峰旁立瑞云、岫云两峰石作陪衬。三峰的特置,以及石林小院中的大小峰石之丛置,堪称江南园林中罕见的石景精品。

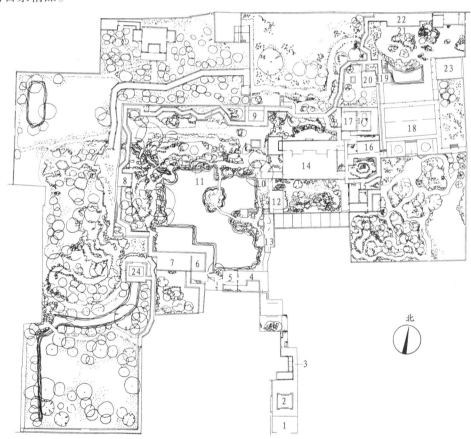

留园平面图

1.入口	7.涵碧山房	13.曲溪楼	19.冠云台
2.天井	8.闻木樨香轩	14.五峰仙馆	20.佳晴喜雨快雪之亭
3.曲廊	9.远翠阁	15.石林小屋	21.冠云峰
4.古木交柯	10.清风池馆	16.揖峰轩	22.冠云楼
5.绿荫	11.可亭	17.还我读书处	23.亻云阁
6.明瑟楼	12.西楼	18.林泉耆硕之馆	24.活泼泼地

回廊

2）建筑空间的处理手法

留园的主要入口处于两旁其他建筑的夹缝之中，宽仅8米，而从大门至园区长达40米。从入园一开始，以一系列暗小曲折的空间为前导，使人入园之后顿觉豁然开朗，倍感山光水色分外迷人，这是江南诸园入口处理中最成功的一例。另外，在主厅五峰仙馆周围，安排一系列建筑庭园作为辅助用房，这些庭园空间既相分隔，又相渗透，相互穿插，景色丰富，面积虽不大，却无局促之感。

留园以其宜居宜游的山水布局、疏密有致的景色对比以及独具风采的石峰景观，成为江南园林艺术的杰出典范。

明瑟楼

中部水面

清风池馆

冠云峰

实例 8　清晖园(Qinghui Garden,1621 年)

　　清晖园位于广东顺德市大良镇华盖里,始建于明末天启辛酉年。原系明末大学士黄土俊的私家花园,以尽显岭南庭园雅致古朴的风格而著称。

　　清晖园面积约 3 300 平方米,坐北向南偏西,呈长梯形,中部略高。由南而北大致分成三个景区,前区为水景区,中部为厅、亭、斋山石花木区,后部为生活区。全园顺着夏季主导风方向布局,庭园空间由疏而密,筑屋顺前就后,由高而低,形成宜于起居游赏的良好环境。

惜阴书屋

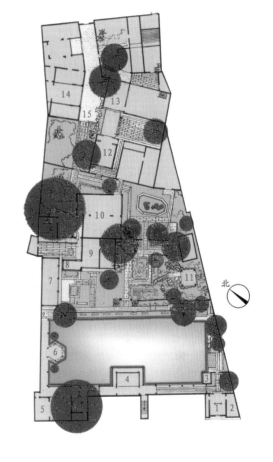

北

清晖园平面图

1. 门厅	9. 惜阴书屋
2. 门房	10. 真砚斋
3. 绿潮红雾	11. 花囊亭
4. 澄漪亭	12. 小蓬瀛
5. 碧溪草堂	13. 归寄庐
6. 六角亭	14. 笔生花馆
7. 船厅(小姐楼)	15. 斗洞
8. 绿云深处	16. 三狮会球
	17. 石门

　　清晖园在营造中大量吸收了岭南民间建筑的地方特色。园中的主景建筑,如归寄庐、惜阴书屋、碧溪草堂、笔生花馆、船厅、水榭等,布置曲折有致。辅以书画、雕刻、工艺美术等装饰,构成了幽雅含蓄的景观。其中,船厅是舫屋与楼厅建筑的综合体,平面像舫,立面像楼,体形秀丽,装修华美。园中有三个水池,分别置有亭榭凌驾于水面。既打破了平直的岸线,又丰富了水景情趣,显得轻巧活泼。船厅南侧的庭院幽雅宁静,窗格、栏杆花纹雕刻细密,色彩鲜明,表现了岭南园林建筑的特征。园中还种植了许多珍贵花木,一年四季花香果美,清秀多彩。

　　清晖园因地制宜,总体布局得体,建筑设计独具匠心。庭园以岭南佳木为题材,富有岭南特色,它可与江南私家园林相媲美。

假山水池

船厅

水榭

方池

实例9　圆明园(The Old Summer Palace,1707年)

圆明园位于北京城西北的海淀区,始建于清康熙年间,完成于乾隆时期。此间由单座圆明园发展为圆明、绮春、长春三园一体,由大小水面、不同高低的山丘和形式多样的建筑组成的大型皇家园林。这里原为一片平地,既无山丘,又无水面,但是地下水源很丰富,为建造园林提供了良好的条件。其具体特点如下:

1)平地造园,以水为主

园内大小水面占全园面积350万平方米的一半,其中最大者为圆明园中心的福海,宽达600米,湖中建有三座小岛;中型水面有圆明园的后湖等,长宽二三百米,隔湖可观赏到对岸景色;小型水面和房前屋后的池塘无数;还有回流不断的小溪河,将这些大小水面连为一个完整水系,构成一个十分有特色的水景园林。而所有这些水面统统是由平地挖出来的,用挖出之土就近堆山,所以湖多山也多,大小山丘加起来占了全园面积的三分之一。

2)园中有园

一组又一组的小型园林布满全园。它们或以建筑为中心,配以山水植物,或在山水之中,点缀亭台楼阁;利用山丘或墙垣形成一个又一个既独立又相互联系的小园,组成无数各具特点的景观。这里有供皇帝上朝听政用的正大光明殿建筑群,有福海与海中三岛组成的象征着仙山琼阁的"蓬岛瑶台",有供奉祖先的安佑宫和敬佛的小城舍卫城,有建造在水中的平面呈卍字形的建筑"万方安和"。园里还相继出现了苏州水街式的买卖街、杭州西湖的柳浪闻莺、平湖秋月和三潭印月等著名景观,不过这些江南胜景在这里都是小型的、近似模型式的景点。

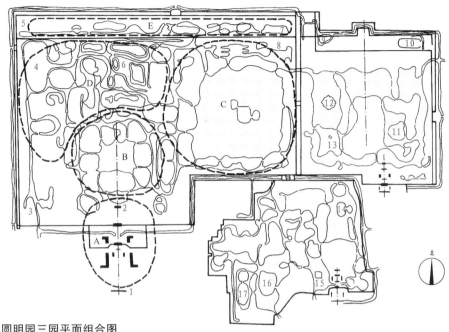

圆明园三园平面组合图

1. 照壁	6. 文源阁	11. 玉玲珑馆	16. 澄心堂	A. 宫廷区
2. 正大光明殿	7. 天宇空明	12. 海岳开襟	17. 畅和堂	B. 后湖区
3. 藻园	8. 方壶胜境	13. 思永斋		C. 福海景区
4. 安佑宫	9. 方外观	14. 风麟洲		D. 小园林集群
5. 紫碧山房	10. 方河	15. 鉴碧亭		E. 北墙内狭长地带

3)建筑形式多样,极富变化

园中建筑平面除惯用的长方形、正方形外,还有工字形、田字形、中字形、卍字形、曲尺形、扇面形等多种形式;屋顶也随不同的平面而采用庑殿、歇山、悬山、硬山、卷棚等单一或者复合的形式;光园内的亭子就有四角形、六角形、八角形、圆形、十字形,还有特殊的流水亭;廊子也分直廊、曲廊、爬山廊和高低跌落廊等。乾隆时期还在长春园的北部集中建造了一批西式石建筑,由

园内遗迹

西式石建筑遗址

意大利教士、画家郎世宁设计,采用的是充满繁琐石雕装饰的欧洲"巴洛克"风格的形式,建筑四周也布置着欧洲园林式的整齐花木和喷水泉,这是西方建筑形式第一次集中地出现在中国。

圆明园前后建设了近40年,雍正时形成圆明园24景,乾隆时又增加20景,加上长春园的30景,万春园的30景,共有100多处不同的景点,所以西方有人把这座园林称为"万园之园"。1860年,第二次鸦片战争中,圆明园被英法联军焚毁。

圆明园四十景图武陵春色

圆明园四十景图方壶胜境

圆明园四十景图万方安和

圆明园四十景图别有洞天

实例 10 颐和园(The Summer Palace,1750—1765年)

颐和园位于北京西北郊,是我国目前保存最完整、最大的一座古园林。颐和园原名清漪园,始建于清乾隆十五年(1750年)。为了给皇太后祝寿,在瓮山圆静寺旧址建大报恩延寿寺,历时15年建成了清漪园。1860年英法联军入侵中国,英法联军焚毁了该园。清光绪十二年(1887年)重建,更名为颐和园。

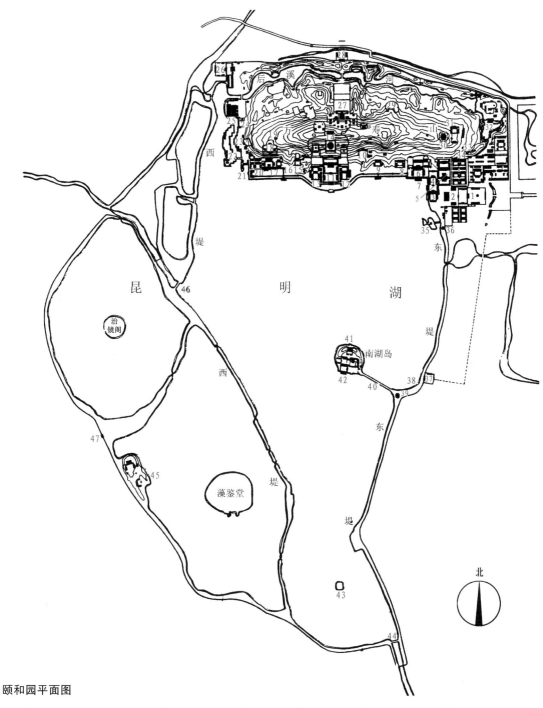

颐和园平面图

1. 东宫门	7. 水木自亲	13. 清华轩	18. 画中游	24. 贝阙	30. 景福阁	36. 文昌阁	42. 鉴远堂
2. 仁寿殿	8. 养云轩	14. 佛香阁	19. 湖山真意	25. 大船坞	31. 益寿堂	37. 新宫门	43. 凤凰礅
3. 玉澜堂	9. 无尽意轩	15. 云松巢	20. 石丈亭	26. 西北门	32. 谐趣园	38. 铜牛	44. 绣绮桥
4. 宜芸馆	10. 写秋轩	16. 山色湖光	21. 石舫	27. 须弥灵境	33. 赤城霞起	39. 廓如亭	45. 畅观堂
5. 德和园	11. 排云殿	共一楼	22. 小西泠	28. 北宫门	34. 东八所	40. 十七孔长桥	46. 玉带桥
6. 乐寿堂	12. 介寿堂	17. 听鹂馆	23. 延清赏	29. 花承阁	35. 知春亭	41. 涵虚堂	47. 西宫门

昆明湖

后湖苏州街

佛香阁建筑群

长廊

全园占地 290 万平方米,分为朝政区、生活区和景观区三部分。朝政区以东宫门入口处的仁寿殿为中心,是皇帝处理朝政和接见大臣的地方。仁寿殿坐西朝东,面阔七间卷棚歇山顶。生活区主要由玉澜堂、宜芸馆、乐寿堂三组院落组成,居万寿山之东南,临昆明湖北岸,避风采光极佳,给人以亲切舒适之感。三组院落均有回廊相连,其间建有"德和园"及"扬仁风"两处游乐小区。德和园为看戏场所,扬仁风为幽静的山景庭院。景观区为全园精华所在,主要以佛香阁为中心,佛香阁八角三层,高 40 米,是颐和园中最高的标志性建筑。佛香阁东西,各有清晏舫、画中游、山色湖光共一楼等建筑,一条长廊将各景区串联成一体。万寿山之东为著名的园中之园——谐趣园。该园仿江南名园寄畅园而建,其风格和情趣均有独到之处。颐和园的后山多为寺庙,被英法联军焚毁后尚未恢复,这里自然宁静,颇具野趣。后湖湖面狭长,原有模仿苏州的买卖街的众多店铺散布两岸。

谐趣园俯瞰

清晏舫

昆明湖居万寿山正南,水面积 226.7 万平方米,是清代皇家园林中最大的水面,共有六岛、两堤、九桥。十七孔桥为昆明湖中最大的桥,与南湖岛衔接,岛上主要建筑为涵虚堂。颐和园西堤各桥风格各异,与西面玉泉山诸景观相互呼应,扩展了全园的深度和意境。园中东堤有文昌阁、知春亭、廊如亭等建筑,使得平直的堤岸有了高低不同的节奏感。

颐和园湖山秀丽,成熟的造园艺术、优美的自然景色,代表着后期中国皇家造园艺术的精华,集中体现了中国古代大型山水园的造园成就。

实例 11 网师园(Master of Nets Garden,1770 年)

网师园位于苏州古城东南角,原为南宋吏部侍郎史正志在此地建"万卷堂"旧址。清乾隆年间,光禄寺少卿宋宗元退隐,购得此地筑园,称其为"网师园"。

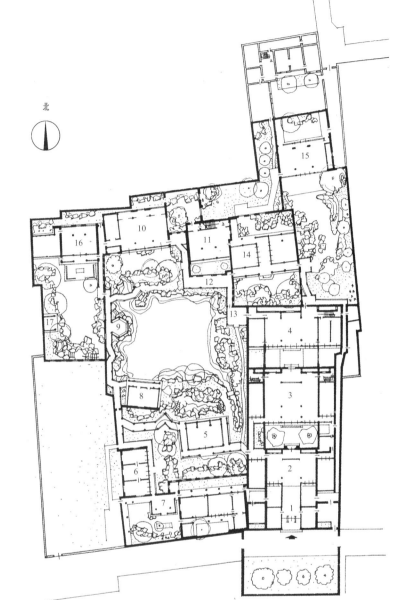

网师园平面图

1. 宅门
2. 轿厅
3. 大厅
4. 撷秀楼
5. 小山丛桂轩
6. 蹈和馆
7. 琴室
8. 濯缨水阁
9. 月到风来亭
10. 看松读画轩
11. 集虚斋
12. 竹外一枝轩
13. 射鸭廊
14. 五峰书屋
15. 梯云室
16. 殿春簃
17. 冷泉亭

北

曲廊

射鸭廊

网师园面积5 400平方米,布局形式为东宅西园、宅园相连,有序结合。全园由五部分组成,以中部山池为构图中心,东为住宅区,南为宴乐区,西为殿春簃内园,北为书房区。因景划区,境界各异。

中部景区围绕20米见方的荷花池展开,四周假山建筑、花木配置疏密有间,高低错落,显得开朗而宁静。水面四周为四个景点:射鸭廊、濯缨水阁、月到风来亭和看松读画轩,分别可赏春、夏、秋、冬四季景色。

殿春簃位于主要景区的西侧,是网师园中一所独立的小院,具有明代庭园"工整柔和,雅淡明快,简洁利落"的特色。小院布局独具匠心,北部为一大一小宾主相从的书房,屋后设有天井,南部为一大院落,散布着山石、清泉、半亭。南北两部形成空间大小、明暗、开合、虚实的对比,十分精致。院内的花街铺地颇具特色,用卵石组成的渔网图案隐隐透出"网师"的意境。

网师园主题突出,布局紧凑,小巧玲珑,清秀典雅。园景空间环环相扣,庭院布局层层相叠,屋宇山池花木相互衬托,互为借景,形成丰富的景观层次和无穷的景趣变化,是苏州古典园林中以少胜多的典范。

月到风来亭及水池北岸景观

殿春簃前庭院

实例 12　避暑山庄
(The Imperial Mountain Summer Resort, 1703—1790 年)

避暑山庄位于河北承德市内,是清朝最先建造的一座大型皇家园林。山庄所在地具有十分优越的自然条件,西北面有起伏的峰峦和幽静的山谷,东南面为平坦的原野,还有纵横的溪流与湖泊水面。东面武烈河水加上庄内的热河泉使溪流、湖泊有丰富的水源。

避暑山庄平面图

1. 丽正门	9. 烟雨楼	17. 金山亭	25. 千尺雪	33. 云容水态	41. 碧静堂	49. 锤峰落照
2. 正宫	10. 临芳墅	18. 花神庙	26. 文津阁	34. 清溪远流	42. 玉岑精舍	50. 松鹤清越
3. 松鹤斋	11. 水流云在	19. 月色江声	27. 蒙古包	35. 水月庵	43. 宜照斋	51. 梨花伴月
4. 德汇门	12. 濠濮间想	20. 清舒山馆	28. 永佑寺	36. 斗老阁	44. 创得斋	52. 观瀑亭
5. 东宫	13. 莺啭乔木	21. 戒得堂	29. 澄观斋	37. 山近轩	45. 秀起堂	53. 四面云山
6. 万壑松风	14. 莆田丛樾	22. 文园狮子林	30. 北枕双峰	38. 广元宫	46. 食蔗居	
7. 芝径云堤	15. 苹香沜	23. 殊源寺	31. 青枫绿屿	39. 敞晴斋	47. 有真意轩	
8. 如意洲	16. 香远益清	24. 远近泉声	32. 南山积雪	40. 含青斋	48. 碧峰寺	

清康熙为了避暑,在承德北郊热河泉源头处建造了这座离宫。乾隆时又加以扩建,至1790年建成36景,使山庄成为占地560万平方米的清朝最大的一座皇家园林,因夏季有浓密树木与众多的湖泊水面的调剂,气候凉爽,取名为避暑山庄。

避暑山庄作为一座离宫,包括宫廷与苑林两个区域。宫廷区有正宫、松鹤斋和东宫三组宫殿建筑群组,按"前宫后苑"的传统布局三组并列地安置在山庄的南面。苑林区在宫廷之北,它包括湖泊区、平原区和山岳区三大景区。

湖泊景区紧靠在宫廷区之北,面积约占全园的1/6,全区满布湖泊与岛屿,可以把它看作是一个由洲、岛、堤、桥分割成大小水域的大水面。而就在这大小洲、岛上和堤岸边,分布着成组或单独的厅、堂、楼、馆、亭、台、廊、桥。湖泊区的建筑占到全园的一半。建筑四周的水面、堤岸的形态、水口、驳岸的处理,庭院的堆石、植物的配置,都以江南水乡和著名园林为蓝本做了精心的设计与施工。

平原景区紧邻湖泊区之北,它东界园墙,西北依山,形成一狭长的三角形平原地段,面积约与湖泊区相当。其东的万树园种植着榆树,养有麋鹿于林间;西部是称作"试马埭"的一片草茵地,其间散布蒙古包。这片平地中建筑物很少,东北角的一组佛寺——永佑寺比较有规模,寺中九层舍利塔耸立于平原之上,十分醒目,成为全园北端的一处重要景观。南面临湖散列着四座形式各异的凉亭,它们既是草原南端的点景建筑,又成为观赏湖泊区水景风光的良好场所。

平原区试马埭

水心榭

避暑山庄湖泊区全景

外围寺庙建筑群

山岳景区位于湖泊区、平原区的西北面,占据全园面积的2/3,这里山峦涌叠,气势浑厚。在这片山林中散布着20余处小型园林与寺庙建筑群,它们都是根据山地特点,布置得曲折起伏,错落有致,如"梨花伴月"就是其中有名的一组,两侧作迭落式屋顶,轮廓极其优美。

避暑山庄的山区所占面积甚大,园林造景根据地形特点,充分加以利用,以山区布置大量风景点,形成山庄特色。园中水面较小,但在模仿江南名胜风景方面有其独特之处。而借园外东北两面的八庙风景,也是此园成功之处。

实例 13 环秀山庄(Mountain Villa with Embracing Beauty,1807 年)

环秀山庄位于苏州市景德路申衙前,占地面积仅 1 000 平方米,原为五代广陵王钱氏金谷园故址,清道光末年为汪氏耕荫义庄,亦称颐园。

全园以山为主,以池为辅。园林布局南部为主厅,中部及东北部均为主体山体。"环秀山庄"为园内主厅,也称为四面厅,厅的四周植有青松、翠柏、紫薇、玉兰,夹廊上漏窗图案花纹变化精巧。假山东北、古枫树下,有亭翼然,依山临水,取名"半潭秋水一房山",借"素湍绿潭,回清倒影"之意;亭下即是石涧流泉,在亭中观山,岩崖若画。周围林木清荫,苍枝虬干,饶有野趣。出亭北,缘石级向下,山溪低流,峰石参差,有路通往园北四面开窗、形如画船的"补秋舫",舫的南面临水,与池南的大厅遥相呼应。再向西经问泉亭,过石桥,楼廊曲折,亭阁临风,景色幽深而静谧。

环秀山庄因园内假山而闻名,假山占据全园的三分之一,由清代叠山大师戈裕良[①]所堆,其所叠假山既有远山之姿,又有层次分明的山势肌理。其主山突起于前,次山相衬在后,内构为洞,雄奇峻峭,相互呼应。前后山涧形成宽约 1.5 米、高约 7 米的涧谷。山虽有分隔,而气势仍趋一致。山涧之上,用平板石梁相连接,前后左右相衬托,有主、有宾、有层次、有深度。山是实,谷是虚,形成虚实对比。此山蕴含了群山奔注、伏而起、突而怒之气势,表现了岭之平迤,峰之峻峭,峦之圆浑,崖之突兀,涧之潜折,谷之深壑等山形胜景,为崇山峻岭、名山大川之缩影。而次山位于园的东北角,山石嶙峋,与竹山相隔一泓池水,互为对景。园中青松翠柏,奇花异木,浓荫蔽日,十分恬静。

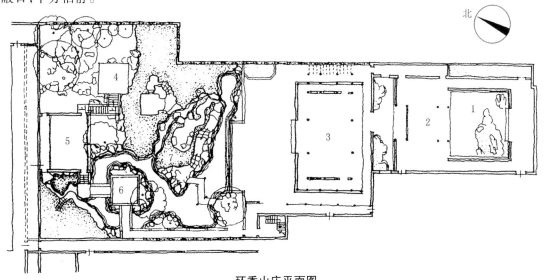

环秀山庄平面图

1.门厅	2.有穀堂	3.四面厅"环秀山庄"
4.半潭秋水一房山	5.补秋舫	6.问泉亭	7.假山

①戈裕良(1764—1827),江苏常州人,著名叠山艺术家。在长期实践中创叠石"钩带法",使假山浑然一体,既逼肖真山,又十分坚固。其他代表作品有:常熟燕园、如皋文园、仪征朴园、江宁五松园等。

假山

曲桥

四面厅"环秀山庄"

半潭秋水一房山

问泉亭

　　为凸出山体,将水面缩小,水体环绕山形迂回曲折,似山崖下之半潭秋水,水依山而存在,并沿山洞、峡谷深入山体的各个部分,一刚一柔,一阳一阴,缠绵相交相互依存。

　　环秀山庄面积虽小,但其园中假山在园林叠山造型中有相当高的艺术水准,凝聚了中国传统山水诗、山水画的美学意境,充分体现了苏州园林叠山理水的精髓。

实例 14 香山饭店庭院(Fragrant Hill Hotel Garden,1982 年)

设计:[美]贝聿铭(Leoh Ming Pei)①,檀馨②

香山饭店庭院位于北京西郊香山公园内,整座饭店凭借山势,高低错落,蜿蜒曲折,院落相间。大小不同的庭院内,瀑布、水池、松林、古藤、山石与香山的环境融为一体,独具特色。

中国院落式的建筑及庭院布局形成了香山饭店设计中的精髓:建筑的主入口和中庭具有一条明显的中轴线。这条轴线由入口处广场开始,穿过门厅、中庭直达后花园,这在我国传统建筑中是没有的。后花园既是香山饭店的主要庭院,三面被建筑所包围,朝南的一面敞开,远山近水,巧妙地布置"烟霞浩渺""金鳞戏波""晴云映日""古木清风""松林杏暖"等十八景,并采用了中国传统园林建筑的一些细部,如漏窗和"曲水流觞"等。院内叠石小径,高树铺草,安排得非常得体,既有江南园林精巧的特点,又有北方园林开阔的空间,既简洁又有一定传统园林的色彩。前厅和后院虽然在空间上是分隔开的,但由于中间设有加顶庭院"常春四合院",那里有一片水池、一座假山和几株青竹,使前庭后院有了连续性。

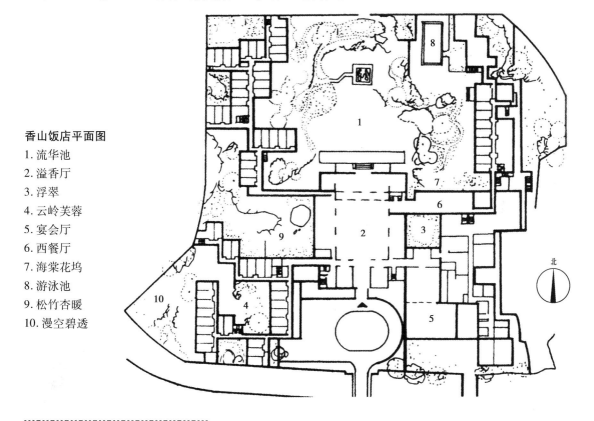

香山饭店平面图

1. 流华池
2. 溢香厅
3. 浮翠
4. 云岭芙蓉
5. 宴会厅
6. 西餐厅
7. 海棠花坞
8. 游泳池
9. 松竹杏暖
10. 漫空碧透

北

---

①美籍华人,现代主义建筑代表人物。他的创作思想植根于现代主义建筑,但又有自己独立的见解。其代表作品有:肯尼迪图书馆、华盛顿国家美术馆东馆、香港中银大厦、巴黎卢浮宫扩建工程、美秀美术馆、苏州博物馆等。1983 年获得普里茨克建筑奖。

②当代著名园林设计专家。她主张在园林设计中贯彻继承和创新的原则,用现代材料和科技手段表现传统文化,使传统具有时代感。其代表作品有:香山饭店庭院及华夏名亭园、天华园、明皇城根遗址公园、元大都城垣遗址公园和菖蒲河公园等。

后花园旁的客房区

将宫灯变形的入口庭院灯

建筑立面

园中的曲水流觞

常春四合院的假山水池

香山饭店入口

　　香山饭店在建筑及园林的艺术处理上的一个显著特点是符号的重复出现和手法的协调一致。例如正方形的侧窗、漏窗,正方体上带有圆形开洞的楼梯栏杆柱顶灯、室外平台栏板灯和路旁地灯,将宫灯加以变形的入口庭院柱灯等,这些都使人得到极为完整统一的观感。

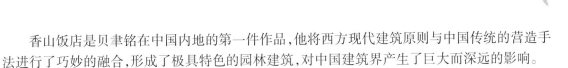

香山饭店是贝聿铭在中国内地的第一件作品,他将西方现代建筑原则与中国传统的营造手法进行了巧妙的融合,形成了极具特色的园林建筑,对中国建筑界产生了巨大而深远的影响。

实例 15　雨花台烈士陵园(Yuhuatai Martyrs Cemetery,1982—1989 年)

设计:杨廷宝①,齐康②

雨花台烈士陵园位于江苏南京中华门外的雨花台,总占地约 54.2 万平方米,是中华人民共和国规模最大的纪念性陵园,具体特点有:

1) 与自然环境的结合

选址场地内有五座小山,层层山丘、林木葱郁、风景宜人。根据原有地段、地形、地貌的特点,把山体作为设计基础,以主峰为中心形成南北向中轴线,使其统一自然要素与建筑群。轴线贯穿之处,有山头、炮台、水池、小湖等景观,营造了一个序列丰富的纪念性空间。

2) 突出中轴线

在整体布局上,利用山丘间的平地建成了忠魂广场,广场左侧的山丘上是忠魂亭,右侧为纪念馆。纪念馆后面依次是纪念桥、男女哀悼像、国歌碑、中央水池、国际歌碑,最后面是最高点的纪念碑。这条中轴线长达 1 000 余米,错落有致,过渡自然,统一了自然山丘与建筑群,通过建筑与自然的围合、建筑的围合、半人工围合,直到最终空间的开敞,渐次达到空间序列的高潮。

3) 丰富的设计手法

设计者在手法上博采众长,根据不同的空间性质,在不同的轴线段,运用不同的设计手法,赋予不同的意义。例如"转换"手法,从忠魂广场、纪念馆到纪念桥,是半开敞空间向全开敞空间的转换;从中央水池、山坡、哀悼

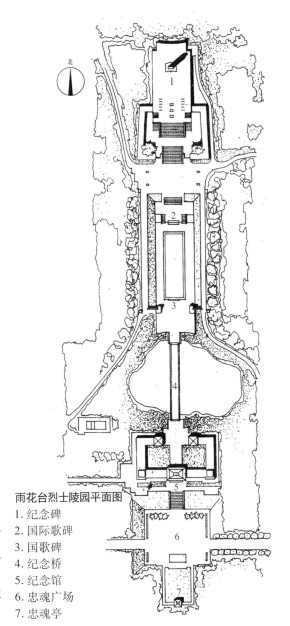

雨花台烈士陵园平面图
1. 纪念碑
2. 国际歌碑
3. 国歌碑
4. 纪念桥
5. 纪念馆
6. 忠魂广场
7. 忠魂亭

①杨廷宝(1901—1982),杰出的建筑学家、建筑教育学家,中国近现代建筑设计开拓者之一。其他代表作品有:京奉铁路沈阳总站、少帅府、同泽女子中学、东北大学体育场、国立清华大学气象台等。

②杰出的建筑学家、建筑教育家。他的建筑理念包含着丰富的哲学思想,建筑设计中重视空间的处理,注重对历史文化的传承,同时强调转化与创新。设计善于运用中西方建筑传统手法,探索中国现代建筑风格。其他代表作品有:南京梅园新村周恩来纪念馆、淮安周恩来纪念馆、福建武夷山庄、郑州河南博物院、福建历史博物馆、大连贝壳博物馆等。

像、国歌碑组成的半封闭场所到豁然开朗的纪念碑大平台,也是一种空间的转换,最后使纪念碑成为人们视线的最高点;还有"变形""提炼""简化"等设计手法,给人一种崇高、无限的遐想。

4)雕塑设计

在陵园内安排了若干纪念性雕塑,例如国歌碑、国际歌碑、水池边"哀悼像""日月同辉"浮雕等。这些雕塑作品庄严凝重、震撼人心,很好地起到了点题的作用,让人久久难忘。

从水池望纪念碑全景

陵园鸟瞰

5)纪念性植物配置

园内植物种类丰富,达286种,40余万株。庄重、肃穆的雪松、黑松、龙柏、圆柏等是纪念区主要选用的植物,属常绿树种,营造高大平整的绿篱和规则翠绿的色块,加上依地形特征铺设的草坪,增加了纪念区的整齐、庄重感;另外,还选用红枫、银杏等色叶树种,以及紫薇、梅花、白玉兰等观花树种,既丰富了景致,又不失纪念意味。通过以规则式为主的植物配置手法,整体上取得统一的效果,成功地突出了纪念性景观主题。

水池边雕像

国际歌碑

中轴线全景

实例16　上海世博公园(Shanghai EXPO Park,2010年)

设计:[荷] NITA设计集团(NITA GROUP)①

世博公园是整个上海世博园区的中心绿地,用地面积约23.73万平方米。NITA在公园设计中针对工业棕地运用了多项先进的生态技术进行生态恢复和工业遗产再利用,展示出了先进的园艺水平。

上海世博公园平面图

1.滨江林地　2.生态步道　3.风能展示　4.太阳能展示　5.服务建筑　6.梯田船坞
7.二号船坞　8.冰船坞　9.钢架竹桥　10.庆典广场　11.绿色坡台　12.主题馆广场

上海世博公园的空间创造采用了上、下两个景观系统进行叠加;并在两个系统中进行立体分层,以"滩"的形式和"扇骨"的形状均匀分布于基地,以乔木林为主体结构,用"重地被,弱中层,强上木"的立体空间构成模式,构建出植物景观设计的主体空间体系。这种设计方式创造了"南园景区—公园—江心—北园景区"的序列性景观,不仅起到系统与外环境骨架衔接的作用,而且解决了世博会议期间高容量、高密度人群对大量集散场地和遮阴场所的需求,以及人们对开阔空间、通畅视野、喜悦氛围环境的需要。在自然生态中创造了多种形式的活动空间,利用和谐的环境增强了人与人的沟通交流。

在世博公园的设计中,注重集生态、展示、游览功能于一体的园林景观体系塑造,最大限度地修复自然平衡,让人为活动尽可能少地影响整个生态系统。设计过程共采用了七大生态技术,包括:雾喷降温技术、资源型透水路面、植物改良修复土壤、耐践踏草坪、生态绿屏、屋顶绿化

①NITA设计集团是荷兰大型设计及工程咨询综合型集团。NITA致力于关注自然、城市与人的关系,长期致力于绿色城市及绿色技术的系统性研究与实践。其他代表作有:2014年APEC峰会雁栖岛景观设计、荷兰世界园艺博览会中国国家展园等。

以及生态水净化处理,形成了可持续发展的公园绿地生态系统。

生态步道

滨江林地

公园水景

绿地景观

该项目从城市绿地系统结构出发,为城市提供了优质的自然生态环境和人文景观,以及良好的游憩休闲场所,促进了城市生活内涵的提升。

实例 17 北京奥林匹克公园(Beijing Olympic Park,2008 年)
设计:[美] SASAKI 设计公司

北京奥林匹克公园位于北京市区北部,城市中轴线的北端,总占地面积 1 085 万平方米,是举办 2008 年北京奥运会的核心区域。其中,南部是奥林匹克中心区,集中了国家体育场、国家游泳中心、国家体育馆等重要场馆;北部规划为奥林匹克森林公园,占地约 680 万平方米。

奥林匹克公园以中国传统文化成就和世界体育成就为设计构想。它包括三个基本因素:森林公园向南部延伸;文化轴线向北延伸,作为故宫皇家轴线的终点;奥林匹克轴线,连接亚运村和国家体育场。

1)森林公园

以"通往自然的轴线"为主题的森林公园位于奥林匹克公园中心地带北部,是北京市中轴线向北的终端。森林公园采用自然式布局,从其北部松林密布的丘陵起,溪流蜿蜒向南流动,形成了一个湖泊,湖水沿着轴线东侧向南延伸形成奥林匹克运河。整个水系的形状酷似蟠龙,其"龙尾"环绕着国家体育场,衬托其标志性的地位。森林公园内共有文物古迹 14 处,规划将这些文物全部保留了下来。

从鸟巢水立方之间看中轴

2) 文化轴线

北京城市的传统中轴线贯穿整个奥林匹克公园,其自身轴线从中心区至森林公园内长 5 000 米,并每隔 1 000 米设计一个纪念广场,代表每一个千年,体现中国 5 000 年来各个朝代的成就与贡献,最后以简洁的形式消失在森林公园山中,代表中国古代文明发源于自然。文化轴线的设计借古喻今,寓意深刻。

3) 奥林匹克轴线

奥林匹克公园起于亚运村体育场,向北穿过国家体育场到达体育英雄公园,与文化轴线交叉,最后到达森林公园中的奥运精神公园。此轴线为奥林匹克轴线,是奥运精神的象征。

奥林匹克公园的设计,将城市空间作为整体考虑,最大限度地利用土地,并把北京

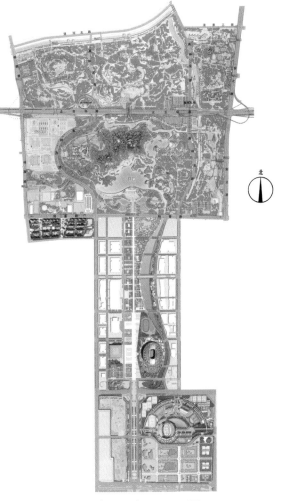

北京奥林匹克公园平面图

现存建筑与公园完美结合;森林公园、文化轴线和奥林匹克轴线共同组成了奥运公园的主体构架,形成大景观空间的概念,并以此形成独具特色的景观体系;设计沿用了中国传统理念,同时以现代的设计手法实现了创办科技奥运、尊重自然、创北京新形象的多重目标。

从水系东岸看中轴

公园下沉广场

湖边西路亲水平台

从水系东岸自然花园看鸟巢

1.2 日 本

实例 1 西芳寺(Saihō-ji,1339 年)

设计:[日] 梦窗疏石①

池岛景观

西芳寺位于京都市西京区的西芳寺河畔,占地约 1.68 万平方米,历史悠久,原是奈良时代天平年间由僧侣行基在京都附近建立的 49 所寺院之一,之后五百多年被作为念佛宗寺院使用。1339 年,请来禅师梦窗疏石,重振西芳寺。

西芳寺原为净土式庭园的道场,而被梦窗疏石赋予了禅意,改造为了"禅的净土"。他在这里创造了两种新形式的庭园。一个是以"黄金池"为中心的庭园,满园生长有 100 多种苔藓植物。因此,西芳寺又称为"苔寺"。在此可以一边漫步于周围的树林,一边观赏石组和苑池的风景,也就是所谓的池泉回游式庭园。另一个是在池庭上方设计的洪隐山枯山水,这个庭园只由石组构成。

长岛

洪隐山石组

①梦窗疏石(1275—1351),是镰仓、室町幕府时期著名禅僧,作为最富日本特色的园林形式"枯山水"的开创者之一,被称为中世禅宗式庭园的开拓者、奠基人。其他代表作品有:临川寺、天龙寺庭园。

　　原为净土式庭园的下部庭园,也是以池泉为中心建设的,梦窗疏石在此基础上改造了池泉,赋予其新的生命力和内涵,池名则沿用净土教风格的"黄金池"。池侧开凿流涧,东北部建潭北亭,南部建湘南亭,在两中岛朝日岛和夕日岛上铺设白砂,在山石驳岸的长岛与朝日岛之间架设了长长的反桥,取名"邀月桥"。

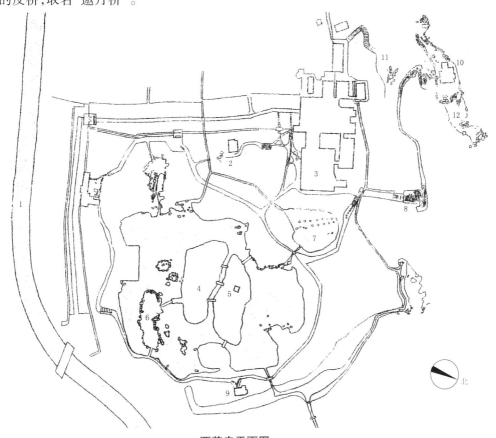

西芳寺平面图

1. 西芳寺川　　2. 少庵堂　　3. 方丈　　4. 朝日岛　　5. 夕日岛　　6. 长岛
7. 金刚池　　8. 向上关　　9. 潭北亭　　10. 指东庵　　11. 龟石组　　12. 洪隐山瀑布石组

寺内院落

园路

　　和黄金池庭园相对,上部的洪隐山枯山水石庭园是严肃、有魄力的石组庭园,也是日本庭园史上最初的由石组构成的庭园。作为修禅的道场,这才是西芳寺的压轴之作。走过向上关,通往山上的小径忽然变得急峻,坐落在山腰间的坐禅堂名为指东庵,以及包围在其周围巍峨的岩石,构成了神秘的景观。指东庵的南面和西面也安置了严峻的石组。

此外,梦窗还通过园林及其景致的命名表达自己的隐逸之心,也造就了西芳寺的浓浓禅意,如上部洪隐山石组,以及寺内的湘南亭、潭北亭、指东庵等。

西芳寺的洪隐山枯山水石庭是最早的禅宗式庭园,是禅寺庭园的开端,在场地规划、石组摆布及建筑设计等方面都成为后来日本庭园的典范。

实例2 金阁寺庭园(Kinkakuji Temple,1394 年)

金阁寺庭园位于京都市北区,正式名称是鹿苑寺,原为幕府将军足利义满的别墅,后改为寺院。该庭园占地 98 076 平方米,庭园居半,是一个舟游、回游式相结合的池泉园①,分上池、下池、山坡区和书院区。

下池名镜湖池,是全园的中心。镜湖池水面比较宽阔,可以泛舟观赏;同时又在湖的四周布置游园小路可以环湖回游庭园的景色。在镜湖池中布置了数个群岛,岛数之多为日本古园之最。中岛名芦原岛,为蓬莱式样,岸边构三尊石,岛上种植松树,象征延年益寿,西部有半岛伸向水中与中岛呼应。另有淡路岛、出龟岛、入龟岛、鹤岛、九山八海石、夜泊石、山石、赤松石,大部分岛屿做成龟岛和鹤岛。金阁位于池中轴线的北岸,西南两面临水,西面建舟屋,用以停泊小舟。建筑边的水面由于池中群岛的点缀,显得富有生机,而远侧水面则显得平静安谧。因为建筑物外贴金箔,金光闪闪,倒映在镜湖池中构成优美的景色,也是京都的代表性景观。

金阁寺庭园平面图

1. 金阁 2. 带有岛的前湖 3. 远处的湖

舟屋

上池名安民泽,池中构中岛,上筑白蛇冢,名白蛇岛。上池与下池之间为山坡地,有溪流分两支流至下池。溪流中有银河泉、龙门瀑。龙门瀑布为三级瀑布,承瀑石为鲤鱼石,隐喻鲤鱼跳龙门,十分生动。山坡上建有夕佳亭,为四阿顶茶室。

下池东部平地有书院,书院前围院成庭,庭中铺白沙、堆土坡、覆青苔、植松杉、立巨石,点缀有舟松和舟石,成为真山水的有力补充。

---

①日本古典园林一般可分为池泉式(林泉式)、筑山庭、平庭、茶庭、枯山水等类。池泉园是以池泉为中心的园林构成,体现了日本园林的本质特征,即岛国性国家的特征。

镜湖池

金阁近景

湖东岸

湖中群岛

实例3 银阁寺庭园(Ginkaku-ji,1436—1490年)

设计:[日]善阿弥①

银阁寺(正名慈照寺)位于京都的东北面,为幕府将军足利义政按金阁造型,在东山修建的山庄,占地1万多平方米。银阁、银沙滩、向月台、锦镜池共同构成银阁寺庭园。

银阁寺庭园总布局是舟游与回游混合的方式。建筑位于池岸,建筑的造型模仿金阁,为佛寺建筑与民间建筑形式的结合,风格朴素淡雅,与金阁的金碧辉煌形成了一种强烈的反差。其中银沙滩和向月台是庭园的精华部分,二者与中国西湖风景相仿,为著名赏月之地。白沙铺成的银沙滩表现的是月光照射下的海滩和反射月光的海水,与被塑成富士山形的小沙丘——向月台相呼应,连同作为背景的银阁寺巧妙地融为一体。园内配置众多名贵的石材和树木,丰富了庭园景色,增加了空间感。

①善阿弥(1386—1482),日本室町时代造园家。他的造园风格与一般庭园的大池、大石和大木相反,是用小池、小泉、小石、小木等构成园林景观。

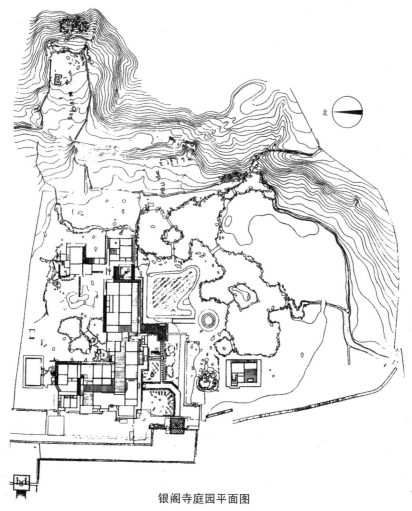

银阁寺庭园平面图

锦镜池与银阁寺

庭园内景

该园虽小,但精巧安排空间变化,给游人提供了一系列丰富的、引人入胜的景色,在日本的古典庭园中享有盛名。

银沙滩与向月台　　　　　　　　　银阁寺侧景

实例4 龙安寺石庭(Ryōan-ji,1488—1499年)

设计:[日]相阿弥

龙安寺石庭是位于日本京都西北部著名的枯山水①庭园,以其简洁而独特的布局形式而闻名。

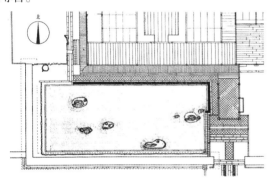

龙安寺石庭平面图　　　　　　　　　庭院入口

石庭东西长30米,南北宽10米,三面是2米高的围墙。低矮的院墙在整体构图中起到了限定作用,使人全神贯注于长方形的庭园中。院里满铺白砂,象征大海,砂海中有15块石头,分成5—2—3—2—3五组,象征5个岛群。最高的石头不过1米,最低的与砂面相平。主山所在的1组偏居东面,其余4组客山近似呈弧形从东南弯向西北。主客山一起呈弧形对方丈室所在的观赏面形成包围之势;同时通过小石头布置,在弧形中又隐藏了一次要轴线,把气势引向园的最远角。这5组石头起承转合、互相呼应、环环相扣、疏密有致,各自体势相得益彰。石组边绕有青苔,青苔拥护着石岛,此外没有其他植物、花卉和树木。

龙安寺石庭是禅宗思想的一种体现,表达了一种哀伤中愉悦的美,在构图上表现了高超的技巧,不愧为日本枯山水的杰出作品。

---

①枯山水是日本的一种庭园形式,用石块象征山峦,用白沙象征湖海,只点缀少量的灌木或者苔藓、薇蕨。其造园手法和表现形式独具一格,是一种带有浓厚东方哲学思想的庭园形式,具有很高的思想性。

龙安寺石庭

从室内外望

实例5　大德寺大仙院(Daitokuji Temple,1513年)

设计:[日]古岳宗亘①

大德寺大仙院位于京都北部,分两庭,皆为独立式枯山水。南庭无石组,全为白沙。

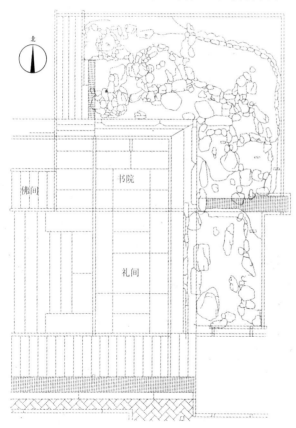

大德寺大仙院平面图

枯流

①古岳宗亘(1465—1548),日本室町时代的僧侣。1509年,开创大德寺大仙院,被天皇授予正法大圣国师。

舟石

桥石组

东北庭由表现吉祥寓意的鹤岛和龟岛,以及位于二者之间的蓬莱仙山组成。庭院所要表达的意境是:瀑布从蓬莱山上倾泻而下,穿过石桥,又从一座称为透渡殿的亭桥下面穿过,最后汇成大河。大河上漂浮着小船,有小龟在河里游,大河最终流入方丈南侧的大海。寺院中的透渡殿象征着人生中的障碍。

该园巧妙地利用中国立式山水画的表现技法,将景观展开,各种具有不同含义的惟妙惟肖的山石和静寂的庭园环境,将禅宗思想象征性地表现出来。

实例6　仙洞御所(Sento Imperial Palace,1627年)
设计:[日]小堀远州

仙洞御所位于京都上京区的京都御苑内,是日本著名的皇家园林。它是后水尾上皇退位后慕庄子之意所建的修炼之所。现存的仙洞御所面积为4.91万平方米,由园区和宫区组成。宫区在西北角,用土墙与园区分开。

北景区

大宫御所

园区在东面,从御殿的东南门进入,园门内有一亭子,名又新亭。此亭是茶亭,环以竹篱,有中门、休息亭、茶室。南北两个水池把全园分为北、中、南三个景区,从造园细腻度上可分为真、行、草三部分,即北面为真,做得很细;南部做得较野,为草;中部介于两者之间,称行。

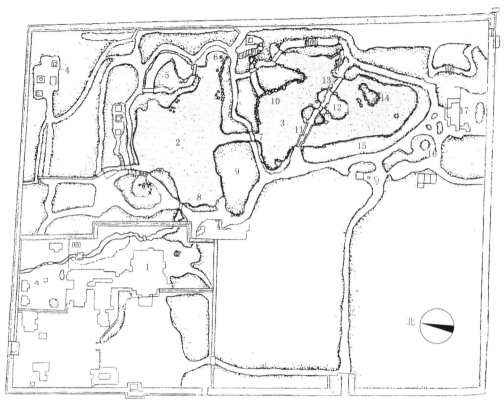

仙洞御所平面图

1. 大宫御所	2. 北池	3. 南池	4. 御田社	5. 鹭岛	6. 雌瀑
7. 红叶桥	8. 码头	9. 苏铁山	10. 雄瀑	11. 八石桥	12. 蓬莱岛
13. 太鼓桥	14. 葭岛	15. 洲滨	16. 荣螺山	17. 醒花亭	

红叶山

南景区的石桥

北景区在北池北面,有六枚桥、阿古濑渊、码头、纪氏碑、镇守社、御田社等。阿古濑渊是平安初期纪贯之的宅园涌泉遗址,置石矶若干,形成水湾,外绕以六个石板铺成的六枚桥,站在桥上向南可见中部景区的码头。阿古濑渊的北面以土堆山,山上立纪氏石碑,碑北山腰曾有田舍屋风格的茶亭,成"茅葺时雨"一景,现毁。北区最大面积的是御田社遗址,是仿照桂离宫的笑意轩远眺农田景观而作,在御田边建御田社以祈风调雨顺,成"寿山早苗"一景,现毁。如今的御田社遗址边上已开辟菖蒲池,建立镇守社,左右立石灯笼,祭祀当地神灵。

中部景区夹于两池之间,以东西两个半岛接以红叶桥。两个半岛各堆土山,东面半岛南北双向各做一个瀑布,北瀑泻向北池,称雌瀑;南瀑布泻向南池,称雄瀑。一雄一雌,刚柔兼济。池西土山成两主峰,北峰植红叶类树木,称红叶山;南峰植苏铁,称苏铁山。红叶山的北面临池铺几个石条,做成简易码头。北池中堆一岛,南北与陆地续以八石桥和土桥。

南部景区分为池中景观和陆上景观。南池中原有二岛,后改成三岛,成一池三山之象。岛上曾建有泷殿和钓殿,现毁。曾经的"钓殿飞萤"和"泷殿红叶"二景现已消失,但此处仍可观红叶和雄瀑。北桥为石桥,桥上架设以藤架。南岛最小,以岩堆成,称葭岛。池西岸铺以鹅卵石洲滨①,它是日本皇家园林中最大的一处洲滨,十分珍贵。

纵观全园,山水园格局明显,以堆山和理水作为主要造景手段。景域差别较明显,高低远近,各得其所。古迹较多,古坟、古碑、古泉、古社为园林增添了不少古意,并显现出浓厚的宗教气氛。

洲滨

实例 7　修学院离宫(Shugakuin Rikyu Villa,1655—1699 年)

设计:[日]后水尾上皇②

中御茶屋

修学院离宫位于日本京都市左京区比睿山麓,总占地约 5.92 万平方米,由退位天皇后水尾在修学寺村设计建造,力求自然山水之美,以达到超脱自然的意境。

离宫根据山体地势高低分成三个小园,称下御茶屋、中御茶屋和上御茶屋,形成园中园的总体结构。三园间以松道相接,两侧只见山林和田野。

下御茶屋面积约 4 390 平方米,分为东侧的枯山水前庭和西侧的池泉庭。以寿月观为主景,前铺白沙飞石,从上御茶屋引下的水做成曲水,经两道瀑布,汇于观前水池。水池中有小岛,上皇曾在此举行歌会和宴会。

中御茶屋面积约 6 900 平方米。现由外门、中门、乐只轩、客殿及前庭组成。此区建筑紧密,高低错落,主次分明,前庭空间和曲水瀑布相得益彰。乐只轩前出宽檐广缘,游人可以坐此欣赏前庭的曲

---

① 洲滨指水边的小块陆地。

② 后水尾上皇(1596—1680),后阳成天皇第三皇子,笃信佛教,在茶道、插花、和歌等艺术上有很高造诣。1651 年出家为法皇,法号"圆净"。

水、水池、石梁、瀑布等。

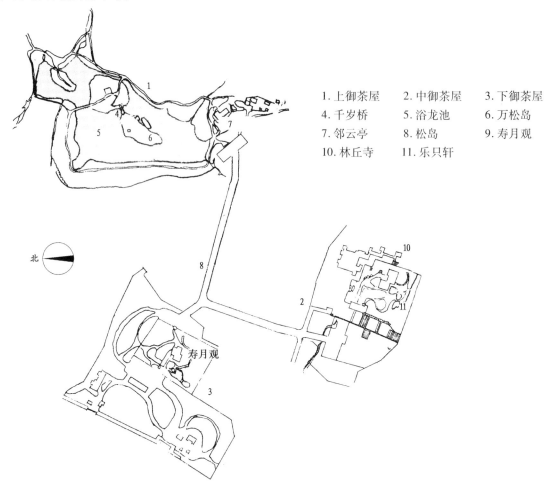

1. 上御茶屋　　2. 中御茶屋　　3. 下御茶屋
4. 千岁桥　　　5. 浴龙池　　　6. 万松岛
7. 邻云亭　　　8. 松岛　　　　9. 寿月观
10. 林丘寺　　　11. 乐只轩

北

寿月观

修学院离宫平面图

千岁桥

上御茶屋瀑布

下御茶屋　　　　　　　　　　　　　　　　浴龙池

　　上御茶屋位于三园最高处,面积也最大,约 4.59 万平方米,是整个离宫的精华处。上皇从音羽川引水而来,经两个瀑布——雄瀑和雌瀑泻入大池,雄瀑高而雌瀑低。水池称浴龙池,池中用土堆成三个小岛:中岛、三保岛和万松坞,形成一池三山格局。水池西面筑土堤,称西洪,为掩盖土堤大坡而在坡外植三层生长的植篱,植篱用常绿树、落叶树混植,四季变换着色彩。上御茶屋是舟游与回游结合的园林,园中除了有回游道路外,还有码头、舟屋和小船。

　　修学院离宫园林与自然山水融为一体,反映了对自然的向往和崇敬,充分体现了日本池泉式园林美学观,堪称经典之作。

实例 8　桂离宫(Katsura Imperial Villa,17 世纪上半叶)
设计:[日]小堀远州(Kobori Enshu)①

　　桂离宫位于京都西南部,占地 6.94 万平方米,因桂川从旁流过,故称桂山庄。1883 年(明治 16 年)成为皇室的行宫,并改称桂离宫②。桂离宫由住宅建筑、茶室和庭园组成,是池泉式园林与茶庭相结合布局的典型实例,独具特色。

桂离宫鸟瞰　　　　　　　　　　　　　　　园内岛屿

①小堀远州(1579—1647),日本园林大师。他开创了新的茶道流派,包括他的作品及其做法,对日本近代园林的影响
　非常大,其他代表作品有:品川东海寺庭园、南禅寺庭园、后阳成院御所等。
②所谓离宫,是皇居之外的宫殿之意,也就是皇家的别墅山庄。

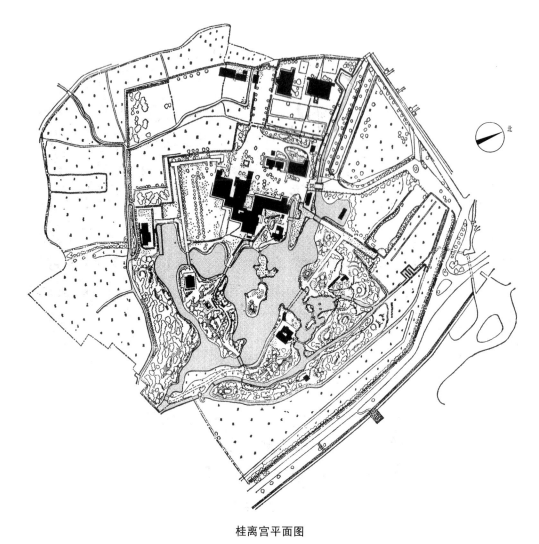

桂离宫平面图

整个庭园的地形高低起伏,景观布局错落有致。全园采取自然式的总体布局,结合庭园中的建筑物性质、风格和形式特点,通过修筑假山、引水溪流、搭设石桥、不同种类植物的配置,不断地营造出变化多样的各式园林气氛,但总体上又紧密相连,整体协调统一。

桂离宫最具特色的部分全部为人工建造。全园以"心字池"的人造湖为中心,散点着五个大小不同的岛屿,岛上分别有土桥、木桥和石桥通向岸边。湖畔屹立着御殿、书院、月波楼、松琴亭、赏花亭、园林堂等建筑群,多集中在西侧,呈雁行式布局。连接各个建筑物的园路,有敷石路、沙砾路、土路等不同的路面,不仅产生视觉上的变化效果,而且与周边的地形相协调。湖中两座相连的中岛成为构图的焦点,吸引着各条园路的视线,成为美妙的对景。园中水面是引桂川之水,清澈纯净。湖边多用草皮土岸,不少岸边用竹筒竖立密排,顶部高出水面少许接近草皮,以挡土岸流失,这样可以使草皮尽可能地接近水面。中岛上散石块与苍松相映,结合着周边的单石桥、石灯笼、乱石滩,形成了一幅幅自然风景画的缩影。

桂离宫是日本皇家园林的代表作,它内容丰富,主次分明,空间开阔,曲径通幽,色彩淡雅,池岛相依,充分体现了小堀式美寂①的造园风格。

书院与月波楼远景

桂离宫书院与庭园

实例9 筑波科学城中心广场
(Tsukuba Center Building Square,1983 年)

设计:[日]矶崎新(Arata Isozaki)②

筑波科学城位于东京城东北方向60 千米处,是一个新的城市开发区,筑波中心广场是筑波

①一种饱含风霜雨打的苍劲质朴的美,是小堀远州提倡的美学理念的名字。
②日本后现代主义设计的代表人物,他能够在现代主义与古典主义之间寻求关系,达到现代主义的理性特点,又有古典主义的装饰色彩和庄重特征。其他代表作品有:北九州美术馆(Kitakyushu City Museum of Arts)、美国佛罗里达州迪斯尼大楼(Team Disney Building Florida)、西班牙巴塞罗那体育馆等。

科学城的一个有机组成部分。筑波中心总面积 32 902 平方米,其中 8 000 平方米面向广场。

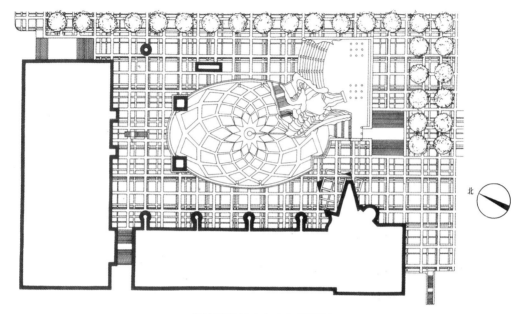

筑波科学城中心广场平面图

该广场实际上是地下商场的屋顶,广场外围地面是不同尺度与色彩的重错格网铺装,中心部分是一个巨大的椭圆形下沉广场,与地下商场地面相平。椭圆形广场中心是一洼陷的孔洞,东北角落是一组跌落水石景,北侧为一曲弧形露天剧场式大台阶,台阶下侧为平台。与台阶相对的是一片由众多小喷头组成的水墙。水墙两侧各设一凉亭,亭柱由灰色片石叠成,亭顶为金属框架。水墙与椭圆广场之间是一组叠石和跌水,水从石组顶部水池溢下形成跌水,并与大台阶平台一侧的溪流汇合一处,层层跌落后涌入很狭窄的水道,最后流入椭圆形广场中心的孔洞之中。广场的焦点则是水池顶部缠着黄飘带的金属月桂树雕塑。

广场铺装

月桂树

广场俯视

在设计中矶崎新运用了大量的参照与对比。例如椭圆形广场有着与由米开朗基罗(Michelangelo)设计的罗马卡比多(Capitol)广场相仿的形式与尺度,只是卡比多广场是在高地上,

跌水

溪流

而筑波广场是下沉的。卡比多广场的地面向着中心的骑马雕像呈拱形抬升,筑波广场的地面则是凹形的,并在广场中心形成一条水槽,作为广场的水元素的源头。卡比多广场由深色石头铺地,辅以白色石带划分,而筑波广场地面的色彩构成正好相反。水池顶部雕塑是英国当代建筑师汉斯·霍因在维也纳旅行社中的复制品,而层层的跌水明显受到美国园林大师哈普林水景设计手法的影响。尽管广场及其周围带有一种明显的拼贴与隐喻倾向,但却呈现了一个充满趣味与联想的作品,充分体现了后现代主义的特点。

实例10 绿色津南中央庭园(Greenpia Tsunan,1985年)

设计:[日]户田芳树(Yoshiki Toda)[1]

绿色津南中央庭园位于新泻县中鱼沼郡津南町,面积为4万平方米,是一处对公众开放的具有休闲、运动功能的庭园绿地空间。

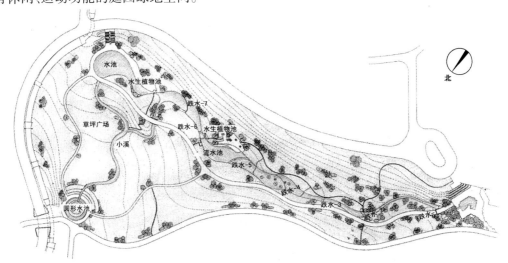

绿色津南中央庭园平面图

----

①日本著名的景观设计师,他的作品中充满了流畅的曲线、大面积的缓坡草坪、通畅简洁的空间、散置的构筑物、蜿蜒的小溪流水以及似水墨画般的水中倒影。其他代表作品有:运动公园"划艇俱乐部"、蓼科高原艺术之林雕塑广场、修善寺"虹之乡"、八千代市兴和台中央公园等。

水潭

蛇形溪流

庭园一角

冰炭池

　　当地是冬季积雪超过 4 米,周围环绕着群山的丘陵地带。有从山上流下来的丰富的自然水源,因此户田芳树在本作品中围绕水这一主线,设置溪流与水池,与草坪广场进行统一设计。

　　规划区域附近有一条叫"七之釜"的溪流,本作品利用这个典故作为设计主题,把七处各具特色的溪流做成完整的连续景观。最上部的置石造型以湖水结冰时出现的"御神渡"为主题进行设计。下游的水潭做成简洁的圆形水池,称作"天镜湖"。周边丰富多样的自然景色映照在湖面上,其间的缓坡草地上配置溪流、水池。天空和映照有自然景色的水面成为庭园的主景,避免了繁琐的造型。

　　户田芳树把周边美丽的自然景色很好地表现在本庭园中,与日本传统园林的形式相比,突出了开放、明快、简洁、轻松的环境氛围,是自然环境与人工景观有机结合的范例。

实例 11　麹町会馆庭园(Hotel Kohjimachi Kaikan Garden,1995—1998 年)

设计:[日] 枡野俊明①

麹町会馆是东京市区的一个商务中心,庭园景观共三处,分别在首层的外部空间和四层两个室内围合的小空间内,枡野俊明把这三个面积很小的庭园命名为"青山绿水的庭",象征着被绿色包围的青山之"寂静"。它们呈阶梯式布局,遵循日本传统的审美观念和禅宗精神,其传达的视觉印象是宁静而深邃,让人仿佛置身于深山之中。

四层花园

首层瀑布花园的狭长空间,注重室内视线部分的氛围营造,墙体的斜线处理打破了其单调感,使空间更富变化;将流水的宁静、清新和悦耳的声音与庭园融为一体,从而让人们体验到在都市喧闹的环境中所无法体验到的宁静。

四层的两个花园,将片状石组错落排列,配以日本枫树和竹篱作背景,又以沙砾象征流水,游人从中可以想象出一条奔流不息的河流。层层叠叠的绿植以及一组组的石头进一步寓示着空间无尽的延伸。在这里,人们完全被置身于都市环境之外,令人沉浸在空间意义的冥想氛围中。

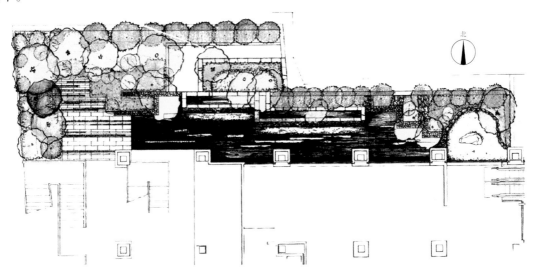

瀑布花园平面图

————————————————

①枡野俊明,当代日本枯山水的主要代表人物,日本禅僧大师和古刹建功寺第 18 代住持。其作品继承和展现了日本传统园林艺术的精髓,准确地把握了日本传统庭园的文脉,给人以自然、清新的气息。其他代表作品有:"瀑松庭""风洗白练的庭"等。

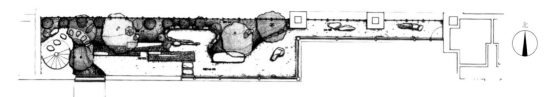

四层花园平面图一

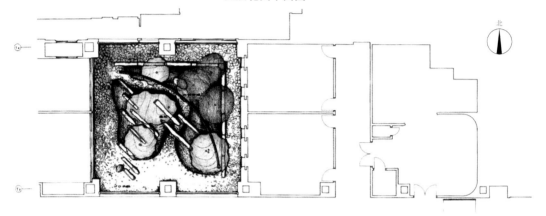

四层花园平面图二

花园组景

片状石组

瀑布花园

瀑布景观

枡野俊明在有限的空间内,用树木和错落的石组创造出以小中见大的空间,使人仿佛置身"宇宙"的无限空间。作品无论从平面构图,还是在细部处理上都有其独创之处,被誉为传统与现代结合的经典之作。

实例12 山下公园新广场(New Plaza of Yamashita Park,1989 年)

设计:[日]板仓建筑研究所东京事务所(Sakakura Associates)

山下公园新广场位于横滨市港区附近,占地1.3 万平方米,与一博物馆相邻。公园置于2 层的停车场屋顶之上,与地面有近8 米的高差。公园设计以海洋为构思主题,植被代表邻近的海洋,水面代表蓝天;园中还通过硬质景观设计,创造了大量的海洋生物造型。

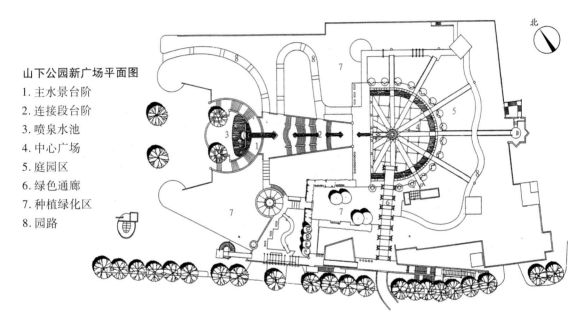

山下公园新广场平面图
1. 主水景台阶
2. 连接段台阶
3. 喷泉水池
4. 中心广场
5. 庭园区
6. 绿色通廊
7. 种植绿化区
8. 园路

从东面主入口进入公园有一条明显的轴线,轴线上有主水景台阶、连接台阶和轴线端的半圆形中心广场三部分。主水景台阶两侧为弧形台阶,台阶之间是一组水景:有薄薄的瀑布、一只张开大嘴的鱼头喷泉和水池与铺地。连接段台阶略呈弧形,中间也有随台阶一级级跌落的水梯,其边缘用碎陶片拼出鱼和其他海洋动物图案,与巴塞罗那的居埃尔公园入口台阶相似。半圆形中心广场是全园的中心,广场中心为一喷泉,6 条铺装从中心喷泉呈放射状散开,穿过广场U 形墙的门洞。设计师将此称为航海的罗盘广场,这几条道路象征通向世界各大洲的航线。广场铺地上都相应地设计了代表各大洲的图案。广场U 形墙外侧是公园的庭园区。从中心广场喷泉向南,有一组环形金属架组成的"绿色通廊",再向南过一人行桥可达博物馆。

山下公园新广场被看成是代表城市的一座临海公园,表明了一种关于文化融合、国际化和充满想象的新形式。在细部处理上表现出来的感性手法使这个作品具有典型的日本风格。

山下公园鸟瞰

主入口鸟瞰

中心广场

主入口象征性水景

实例 13 榉树广场(Beech Square,2000 年)

设计:[日]佐佐木叶二①

　　榉树广场位于日本琦玉新都市中心,面积约 1.11 万平方米。佐佐木叶二在这个作品中主要突出两个方面的主题:"空中之林"和"变幻的自然和人的相会、新都市广场"。

----

①日本著名景观设计大师,他的作品试图创造出一种与环境对话的景观环境,在平面构图、铺装设计、选用的材料等方面都极具感染力。其他代表作品有:HAT 神户震灾复兴住宅、白雨馆、水的露天剧场等。

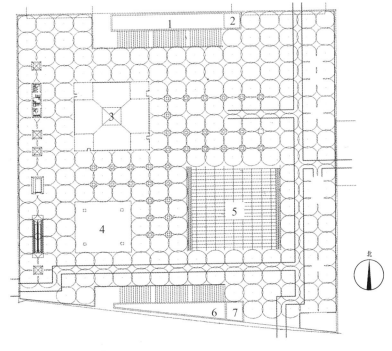

榉树广场平面图

1. 阶梯瀑布
2. 雾气喷水
3. 森林阁
4. 草坪广场
5. 太阳广场
6. 阶梯瀑布
7. 雾气喷水

北

以"□之林"为主题的城市广场面积约 1 万平方米，□距地面 7 米的屋顶花园。作为琦玉新都市区中央枢纽的空中广场栽植了 220 棵 6 米 ×6 米呈网格排列的榉树。在这片榉树林中，设置了具有展望台的商业空间"森林阁"、作为活动舞台使用的"下沉式广场"和"草坪广场"，还有长椅、标牌、台阶状跌水、垂直移动路线（电梯、台阶）等。在自然石材与银白色柔软轻型的固体金属做成完全平坦的地面上，映照着榉树的倒影，人们在自然的氛围和光线中活动。以"变幻的自然和人的相会、新都市广场"为主题的广场正面，是森林的休闲廊等建筑设施，其立面全部由同样模式的铝合金框和条纹形玻璃构成。由于这种透明感和反射效果，随着时间和人流的移动，创造出变化多样的空间效果。夜间建筑内部的光线透过玻璃窗映照在广场上，榉树的枝叶在光照下显得更加美丽，从而表现建筑与环境的统一和谐。

广场鸟瞰

　　这个设计开创了人工基盘上种植高大乔木的成功尝试，创造了"人与自然共生"的城市广场景观。

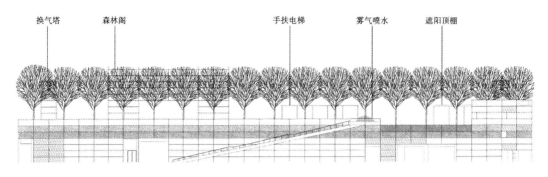

换气塔　　森林阁　　　　　　　手扶电梯　　雾气喷水　　遮阳顶棚

榉树广场剖面图

林荫路

广场设施

实例 14　水的教堂（Church on the Water,1985—1988 年）

设计:［日］安藤忠雄（Andao Ando）①

　　水的教堂位于北海道夕张山脉东北平原处,是一座小型的婚礼教堂。基地四周为野生丛林,景色宜人。每逢春夏,山林葱翠;入冬则银装素裹。为了建这座教堂,专门将附近的自然水体引入基地,营建了一个 90 米×45 米的人工湖,安藤忠雄试图以水为主题,完美处理好自然—人—建筑景观的有机结合关系。

----

①当今最为活跃、最具影响力的世界建筑大师之一,开创了一套独特、崭新的建筑风格,以半制成的厚重混凝土,以及简约的几何图案,构成既巧妙又丰富的设计效果。他的突出贡献在于创造性地融合了东方美学与西方建筑理论,注重人、建筑、自然的内在联系。其他代表作品有:六甲的集合住宅、风的教堂、光的教堂、飞鸟历史博物馆等。1995 年,获得普里茨克建筑奖。

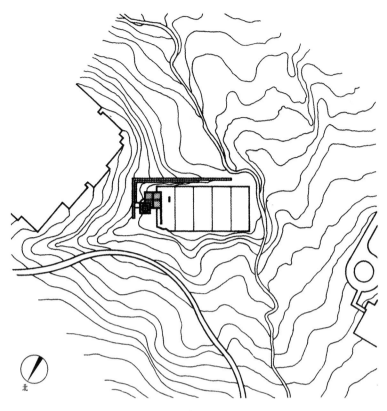

水的教堂总平面图

湖面景观

　　该建筑由两个边长分别为 10 米和 15 米的正方形空间体量上下搭接而成,一堵作为空间序列引导和区域划分的 L 形墙体则包围了建筑。一个由一组玻璃围合的入口空间,顶部开敞,犹如一个光匣子。四周则各为一个混凝土十字架,彼此相对而立。

从圆形楼梯拾级而下,即可到达主教堂。向外望去是整个湖面及其上矗立的十字架,湖面由教堂向外延伸90米,仿佛是一个抽象的镜面。由门框框出的景观随着时间而变化,并映照在湖面上,使人们内心获得了一种心旷神怡的纯洁感和神圣感。

教堂冬景　　　　　　　　　　　　　　　　北侧全景

1.3　韩　国

实例　清溪川(Cheonggyecheon River,2003—2005 年)

设计:[美] Mikyoung Kim 设计公司①

清溪川是韩国首尔市中心的一条河流,全长 10.84 千米,总流域面积达 5 983 万平方米,其中被复兴改造部分约 584 万平方米。20 世纪 60 年代,由于经济增长及都市发展,清溪川被覆盖成为暗渠,水质亦因废水的排放而变得恶劣。2003 年重新修复工程启动,成为建设"生态城市"的重要步骤。

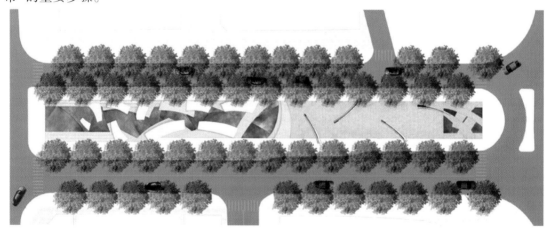

清溪川局部平面图

①Mikyoung Kim 设计公司的主要项目分布在美国、中东和韩国,专注于公共领域的景观架构和生态修复功能。其他代表作品有:波士顿莱文森广场、LG 电子研究中心等。

清溪川整体划分为三段景观带,构成完整的空间序列,分别呈现出现代都市、滨水休闲、生态自然的景观特点。第一河段的建设主题是"开放的博物馆",建有清溪川露天广场,可举办各种文化活动,街道拓宽,供车辆和行人通行。在广场尽端,沿河岸布置了一处由各种石头堆砌而成的假山瀑布景观,设计上处处体现现代化特点。第二河段在设计上,强调反映城市生活和滨水空间的休闲特性。确保可以安全抗洪的同时,保留现有的下水管道。五间水桥之后的路段,延续了骆山的绿色空间,给动植物留下绿色地带。第三河段与第一、二河段的人工化河道设计相比,强调自然和生态特点,河道改造以自然河道为主。保留沿岸连续的野生植被和水生植被,并加入了柳树湿地、浅滩和沼泽,以便留出足够的草地和供野生动物生存的空间。

为保证一年四季流水不断,共采用了3种方式向清溪川提供水源,即从汉江引流一部分河水、在地铁沿线的周边区域钻井取水、循环使用经过污水处理的废水。由于上下游高程差约15米,因此采用了复式断面设计,分为3个层面。最上层为车行道,中间层河岸是人行道,亲水平台则在最下层,人行空间贴近水面,以达到亲水的目的。

首尔清溪川的整治复原堪称水环境治理的典范,在城市河流生态恢复的设计理念和技术方法等方面影响巨大。

局部鸟瞰

第一河段

第二河段

第三河段

1.4 新加坡

实例 滨海湾公园(Gardens by the Bay,2008—2012 年)
设计:[英]Grant Associates 景观设计公司①

　　新加坡的滨海湾公园占地约 101 万平方米,由 3 座滨海蓄水池环绕的滨海花园构成,分别为南花园、东花园和中花园。滨海湾公园是新加坡为实现"花园城市"愿景实施的重点发展项目。

南花园鸟瞰

东花园

生态塔

　　南花园在整个公园中占地面积最大,是以水循环利用为宗旨建造的环保型花园,它展示出了很多有特色的景点,包括花穹、云雾林冷室、能源中心、金园、银园及巨树丛林内的 18 座树木造型的生态塔,更有世界级文化遗产花园、植物世界、蜻蜓湖和翠鸟湖等。云雾林冷室、能源中

①Grant Associates 主要从事生态和景观开发项目,擅长实施实用环保、具有现代元素的景观设计工作。其他代表作品有:兴楼云冰国家公园、巴利亚多里德东部等。

心和生态塔之间的紧密联系使得整个花园具有高度可持续性的节能特性。东花园坐落在滨海的西岸,是整个花园中的第二大园,占地达1/3。这座花园的特色主题是"静谧",营造出一种海湾与花园之间的和谐关系,让带有湖面的小花园给游客带来平静的感觉。中花园是南花园和东花园的连接,建有长达3千米的水岸长廊,行在其上的人们将整个湖景尽收眼底。

水岸长廊 云雾林

滨海湾公园的空间结构模仿了兰花在主体结构中生根、生长、繁衍的方式,同时通过兰花的生长特点隐喻新加坡社会多元文化共生的特质。两座冷室是"兰花"的生根处,叶子成为地形,茎干成为路径,沿着它们游客会发现各座展示花园,这样空间整体就形成了三维网络,灵活又富于变化。

滨海湾花园通过相互连通的水系统和天然过滤床,进行引水、蓄水、保水,从而达到水资源节约和管理的目标;热电联产系统使得整个项目的电力供应更为节能,降低了制冷负荷,成为减少植物冷室内部制冷需求的重要措施。花园内垂直种植系统则展现了创造性的园艺种植方式,并可以将其推广运用到城市环境的发展中。

滨海湾花园成功地融设计、自然和技术于一体,为当代城市环境的可持续发展起到了重要的示范和带动作用。

1.5 印 度

实例 1 泰姬陵(Taj Mahal,1632—1654 年)

泰姬陵位于印度北方邦亚格拉市郊,濒临朱木纳河,是莫卧儿王朝第五代皇帝沙·贾汗(Shah Jahan)为其爱妻泰姬·玛哈尔(Mumtaz Mahal)修建的陵墓。

泰姬陵鸟瞰 沿河平台

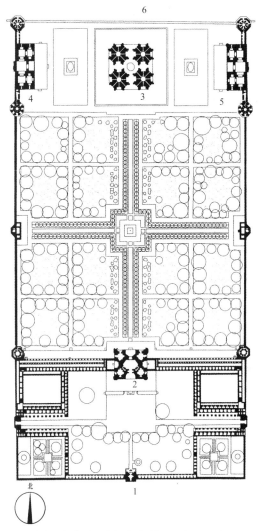

泰姬陵平面图
1. 前门   2. 二道门   3. 陵本体
4. 清真寺   5. 招待所   6. 朱木纳河

陵园是一个长方形,南北长约576米,宽约305米,分为两个庭院:前院古木参天、奇花异草,开阔而幽雅;后面的庭院面积较大,是一个正方形庭院。在纵横交错的轴线上设置了又长又窄的水渠,将园分为四块。每块又由小十字划分的小四分园组成,每个小四分园仍由十字划分四小块绿地,中心交汇处筑造一个高出地面的方形大理石水池喷泉,十分醒目。水渠两侧种植有果树和柏树,分别象征生命和死亡。园内水面面积不大,却四向延伸,控制了整个庭院。

白色大理石陵墓建在正方形花园后面5.5米高的平台上,平台每边长96米,四角各有一座高约41米的圆塔,称为邦克楼。陵墓的四面完全一样,每边长56.7米。陵墓的正面朝南,经过通道进入墓室。墓室上覆盖着直径为17.7米的穹窿顶,从它的尖端到平台约为61米。整座建筑体形雄浑高雅,轮廓简洁明丽。这种建筑退后的布置,使整个花园完整地呈现在陵墓之前,并强调了纵向轴线关系,更加突出了陵墓建筑。建筑和园林紧密结合,加上陵前水池中的倒影,组成一组肃穆、端庄、典雅的画面。

泰姬陵集中了印度伊斯兰造园的特点,是世界文化遗产中令世人赞叹的经典杰作之一。

建筑近景

陵园内景

实例2　新德里莫卧儿花园(Mughal Garden,1911—1931年)

设计:[英]路特恩斯(Edwin Lutyens)①

新德里莫卧儿花园位于印度总统府内,又称总督花园。通过对波斯和印度绘画的学习和对当地一些花园的研究,路特恩斯将英国花园的特色和规整的传统莫卧儿花园②形式进行了融合。

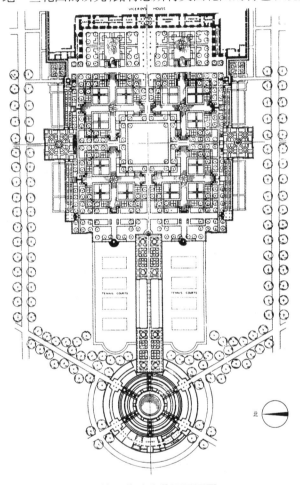

新德里莫卧儿花园平面图

水渠

花园长400米、宽180米,由三部分组成:第一部分为紧贴着建筑的方形花园。这是一个规则式花园,花园的骨架由四条水渠为主体,再分出一些小的水渠,延伸到其他区域,外侧是小块的草坪和方格状布置的小花床。规则式水渠、花池、草地、台阶、小桥、汀步等的丰富变化都在桥与水面之间0.6米的高差内展开。美丽的花卉和修剪树木体现了19世纪的传统,交叉的水渠象征着天堂的四条河流。在这里,设计师运用了现代建筑的简洁的三维几何形式,创造了美丽的园林景观。第二部分是长条形花园,这是整个园中唯一没有水渠的花园。在这一部分,路特

----

①路特恩斯(1869—1944),英国著名建筑师和园林设计师。他的设计创作从大自然中获取设计源泉,将规则式布置与自然植物完美结合,这种风格影响到后来欧洲大陆的花园设计。

②莫卧儿人(Mughal,印度的穆斯林,尤指16世纪征服印度而建立穆斯林帝国的蒙古人)统治时期,使印度原有的正统的园林艺术逐渐改变了它旧有的形式,并与穆斯林文化融为一体,从而形成了印度穆斯林式园林,即莫卧儿园林。

恩斯设计了一个优美的花架,上面攀爬着九重葛。在花架的旁边,是一些绿篱围合的小花床。第三部分是下沉式的圆形花园,圆形的水池外围是众多的分层花台,一排排花卉种植在环形的台地上,充满宁静、平和的气氛。

该园体现了自然式和规则式的结合,是工艺美术运动花园风格的代表。

莫卧儿花园鸟瞰

圆形下沉花园

花卉种植

花园水景

2 欧洲风景园林名作

2.1 意大利

实例1 哈德良山庄(Hadrian's Villa,118—134年)

哈德良山庄坐落于罗马东面蒂沃里(Tivoli)的山坡上,是罗马帝国的皇帝哈德良为自己建造的山庄,占地约18平方千米。

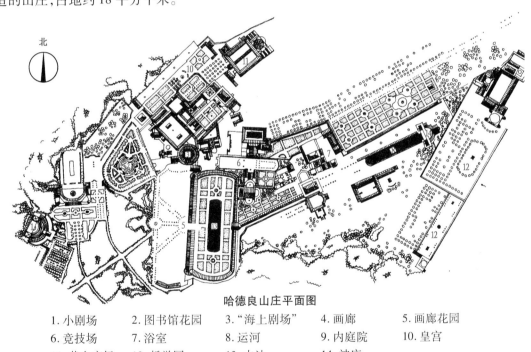

哈德良山庄平面图

1.小剧场	2.图书馆花园	3."海上剧场"	4.画廊	5.画廊花园
6.竞技场	7.浴室	8.运河	9.内庭院	10.皇宫
11.黄金广场	12.哲学园	13.水池	14.神庙	

该山庄处在两条狭窄的山谷之间,用地极不规则,地形起伏很大。这里有大型建筑群30多处,除了宏伟的宫殿群之外,还建有大量的生活和娱乐设施,如图书馆、画廊、艺术宫、剧场、庙宇、浴室、竞技场、游泳池及其他附属建筑等。这些建筑布局随意,因山就势,变化丰富,分散于山庄各处,没有明确的轴线,与这里的自然景色和谐地结合起来,宛如仙境。

整个山庄以水体统一全园,现存的水景有3处。第一处是波赛尔(Poecile),位于现存遗址的入口处。它是一座长232米、宽97米的长方形水池。它的四周原有高9米的围墙,墙的两侧则是柱廊,形成长近500米的遮阴回廊。围墙的两端则呈半圆形。回廊采用双廊的形式,一面背阴,一面向阳,各适宜夏、冬季使用。柱廊园北面有花园,如有模仿希腊哲学家学园的阿卡德米花园(Academy Garden),园中点缀着大量的凉亭、花架、柱廊等,其上覆满了攀缘植物。柱廊

波赛尔

水剧场

卡诺普斯

遗址鸟瞰

山庄内水景

或与雕塑结合,或柱子本身就是雕塑。

第二处水景是卡诺普斯(Canopus),是哈德良举办宴会的地方。这里是在山谷中开辟出的一处长119米、宽18米的开敞空间,其中一半的面积是观景水渠。在其尽头为一半圆形餐厅,厅内布置了长桌及榻,有浅水槽通至厅内,槽内的流水可使空气凉爽。水面周围是希腊式的列柱和石雕像,后面坡地以茂密的柏树等林木相衬托。

第三处水景是马里蒂姆剧场(Maritime Theatre)。它是一座微型花园,中心有圆形水池、凉亭,周围是花坛,圆形柱廊环绕在水池四周。在这个剧场的周围有一座餐厅、一座图书馆、一个小型罗马浴室。

哈德良山庄中还有许多宫殿、建筑和花园,它们无不技艺精湛,美轮美奂,是当时罗马帝国的繁荣与生活品位在建筑园林上的集中表现,也为今后研究西方古典园林提供了丰富的素材。

实例 2　圣马可广场（Piazza San Marco,800—1100 年）

设计:[意]彼得·龙巴都(Pietro Lombardo)①
　　　[意]巴达沙利·朗琪纳(Baldassarre Longhena)②
　　　[意]圣索维诺(Sansovino)③
　　　[意]文森佐·斯卡莫齐(Vincenzo Scamozzi)④

圣马可广场位于威尼斯的里阿托岛,又称威尼斯中心广场。圣马可广场在历史上一直是威尼斯的政治、宗教和节庆中心,是威尼斯所有重要政府机构的所在地,自19世纪以来是大主教的驻地。1797 年,拿破仑进占威尼斯后,曾赞叹圣马可广场是"欧洲最美的客厅"。

圣马可广场的总平面基本上由两块地段组成,一块是处于内部东西方向的大广场,另一块是面向大运河南北方向的小广场,二者共同拼接成 L 形组合。两个广场都是梯形的,且梯形的宽边都指向圣马可大教堂,窄边则是入口。

小广场(Piazzetta di San Marco)以新行政官邸北墙延长线为界,面向大运河,长约 100 米,北边宽约 45 米,南边宽约 37 米。广场入口处的圣马可狮子雕像柱和圣蒂奥多雷雕像柱是圣马可广场的标志物。运河上的小岛上建有一座修道院,漂亮的穹顶和尖塔与小广场遥相呼应,是威尼斯海的标志。

由红砖砌就的圣马可钟塔位于大广场与小广场的转角处,起过渡作用。圣马可钟塔高 99 米,共 9 层,是广场最突出的标志。它既是威尼斯城市的纵坐标,也是广场建筑群空间构图的重心。它以其修长的竖向构图比例、单一的造型及色彩与相邻的主教堂在空间上取得了完美的均衡,与横向展开的拱廊形成对比,突破了广场建筑单一的水平构图。

大广场长约 170 米,东边宽约 80 米,西边宽约 50 米。在大广场东面是 11 世纪建起的拜占庭式的圣马可大教堂(Basilica di San Marco),北端是旧市政厅,南侧是新市政厅以及圣马可图书馆,西面是圣席密民安教堂。圣马可大教堂是广场的中心和灵魂所在,它融合了东、西方的建筑特色。外观上,它由五个巨大的穹顶主厅和两个回廊式前厅组成;结构上,有着典型的拜占庭风格,采用帆拱的构造;正面的装饰源自巴洛克的风格;整座教堂的平面呈现出希腊式的集中十字,是东罗马后期的典型教堂形制。围合于两个广场四周的新旧市政厅、总督府

圣马可广场鸟瞰

及图书馆均处理成无结构中心的外廊形式,装饰色彩简单,从而突出了圣马可大教堂的地位。

经过长期的发展,圣马可广场形成了独具特色的空间形态;各建筑风格虽有不同,但从构图、色彩、材料上既鲜明对比,也互相呼应,很好地体现了群体布局的对立统一原则,是城市建设和建筑艺术的不朽典范。

---

①彼得·龙巴都(1435—1515),意大利建筑师。其他代表作品有:文特拉米尼府邸等。
②巴达沙利·朗琪纳(1598—1682),意大利建筑师。其他代表作品有:安康圣母教堂等。
③圣索维诺(1486—1570),意大利建筑师、雕塑家。其他代表作品有:圣马可广场图书馆。
④文森佐·斯卡莫齐(1548—1616),意大利建筑师。其他代表作品有:维琴察奥林匹克剧院等。

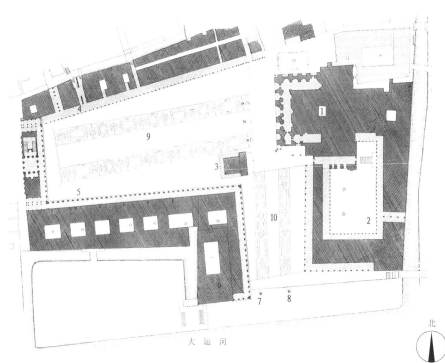

圣马可广场平面图

1. 圣马可大教堂
2. 总督府
3. 钟塔
4. 旧市政厅
5. 新市政厅
6. 圣马可图书馆
7. 圣蒂奥多雷雕像柱
8. 狮子雕像柱
9. 大广场
10. 小广场

北

大 运 河

大广场鸟瞰

广场建筑群

圣马可大教堂

小广场

实例 3　波波利花园(Boboli Gardens,1441—1593 年)

设计:[意]巴尔托洛梅奥·阿曼纳蒂(Bartolomeo Ammanati)①
　　　[意]贝纳尔多·布翁塔伦蒂(Bernardo Buontalenti)②

　　波波利花园位于意大利佛罗伦萨市西南角,为美第奇(Medici)家族的柯西莫所有。1441 年彼蒂家族兴建了一座带有花园的府邸,称为"彼蒂宫"。而后,美第奇家族再次建造这座庄园。它在美第奇家族所有的庭园中面积最大。

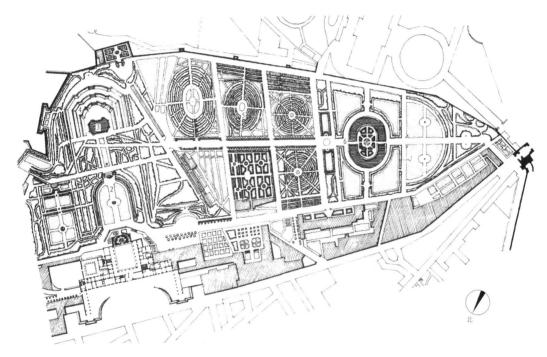

波波利花园平面图

1.府邸建筑　2.阶梯剧场　3.海参尼普顿泉池　4.马蹄形草地斜坡　5.丛林园　6.椭圆形水池

中轴景观

---

①巴尔托洛梅奥·阿曼纳蒂(1511—1592),意大利雕塑家、建筑师。他是 16 世纪佛罗伦萨所流行的风格主义最有影响和革新精神的设计师之一。其他代表作品有:天主圣三桥、朱利亚别墅等。
②贝纳尔多·布翁塔伦蒂(1531—1608),意大利著名的建筑师、设计师和军事工程师。

海参尼普顿泉池

阶梯剧场

水池

波波利花园占地约60万平方米,由东、西两园组成。用地整体上呈楔形,南北短而东西长,并且东端长于西端。东园以彼蒂宫为起点,沿南北向主轴展开;西园的主轴呈东西向,与东轴的轴线近乎垂直。

波波利花园主轴线是由建筑、喷泉、露天剧场、马蹄形水池和丰收女神雕塑这一系列景点组成。彼蒂宫正对的主轴线严格按照文艺复兴时期园林的特点——中轴对称;均衡;与对景相呼应。而第二条与之相交的横轴,只有一个主景——伊索罗托岛,轴线是一条长约300米的柏树林荫道,这是文艺复兴时期最长的林荫路。林荫路呈东西走向,整个道路呈倾斜状,垂直于宫殿,主导着庭园的东部。林荫路连接着陡峭的小广场和伊索罗托岛,两边种植的笔直柏树限定了空间,加强了景深的效果。因此从小广场眺望伊索罗托岛就显得分外遥远,而由于斜坡的原因,从伊索罗托岛向上望去,小广场却显得非常近。伊索罗托岛西后方轴线两侧并置着两个扇形广场,高大的梧桐树围合成一个尺度宽广的半圆形。广场中央耸立着一尊方尖碑,构成了空间的视觉焦点。两个轴线相交处没有设置景点,具体的景点散布在轴线两侧,由三个迷宫和花坛构成。园林中最高点是位于丰收女神像右边的骑士园林,园中的望景楼可俯瞰整个佛罗伦萨。横轴专注于宁静的氛围营造,仅以缓坡林荫道、伊索罗托岛、半圆形广场组成,整体上构成了其独特个性。

波波利花园无论是在空间序列上,还是在结构布局上,都是意大利文艺复兴中期的代表作品。

实例4 菲耶索勒美第奇庄园(Villa Medici,1458—1462年)

设计:[意] 米开罗佐·迪·巴尔托洛梅奥(Michelozzo di Bartolommeo Michelozzi)①

菲耶索勒美第奇庄园是由米开罗佐为教皇列奥十世乔万尼·德·美第奇设计的,距离佛罗

---

① 米开罗佐·迪·巴尔托洛梅奥(1396—1472),意大利建筑师、雕刻家,是佛罗伦萨文艺复兴时期最有影响的人物之一。其他代表作品有:普拉托大教堂布道坛、佛罗伦萨宫等。

伦萨老城中心大约5千米。

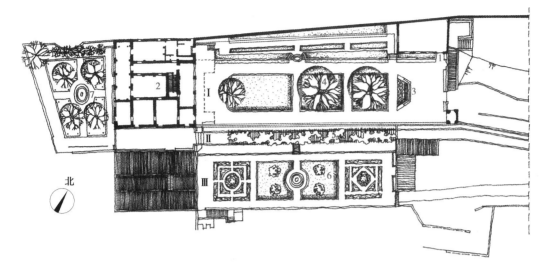

菲耶索勒美第奇庄园平面图

Ⅰ.上层台地　Ⅱ.中层台地　Ⅲ.下层台地

1.入口　2.府邸建筑　3.水池　4.树畦　5.廊架　6.绿丛植坛　7.府邸建筑后的秘园

庄园选址极为巧妙,坐落在海拔250米的阿尔诺山腰的一处天然陡坡上。府邸建筑位于陡坡西侧的拐角处,整个庄园座东北山体,面向西南山谷,依山就势,浑然一体。这里不仅视野开阔、景色优美,而且冬季寒冷的东北风被山体阻隔,夏季清凉的海风自习而来,使庄园内四季如春。

庄园的建造者采用建筑的设计手法来布置庄园,将庄园作为一个整体规划,采用人工化的方式将自然地形辟为三层台地。受地势所限,各台地均成窄长条状,上、下两层稍宽,中间更加狭窄,以达到均衡、稳定的立面构图。花园中的植物、水体、园路、建筑、雕塑等组成一个协调整体,体现出井然有序的人工美。

上层台地面积最大,视野最为开阔,秀丽景色尽收眼底。入口设在上层台地的东端,进门后有小广场,西侧是半扇八角形水池,背景是树木和绿篱组成的植坛。围墙和树团使小广场空间更加完整,导向性十分明确。随后的府邸前庭,是相对开敞的草地植坛,点缀大型盆栽柑橘,是文艺复兴意大利庄园建筑前庭中最常见的手法,便于户外就餐、活动。园路分设两侧,中间形成完整的园地。

园路

圆形泉池

中层台地用地十分局促，仅以 4 米宽台阶起到联系上下台层的作用，再以攀缘植物覆盖的廊架构成上下起伏的绿廊。

下层台地布置图案式植坛，便于居高临下欣赏。中心有圆形泉池，内有精美的雕塑及水盘，围以 4 块长方形草坪植坛，东西两侧又有树木植坛，且图案各异。

菲耶索勒美第奇庄园虽然没有豪华的装饰，却以杰出的设计手法，通过简洁明快、合理有序的空间布局，形成庄园与周围景色和谐统一的整体，成为园林艺术史上的经典之作。

上层台地

下层台地

远眺庄园台地

中层台地廊架

实例 5 卡比多广场(The Capitol Square,1536—1564 年)

设计:[意]米开朗基罗·博那罗蒂(Michelangelo Bounaroti)①

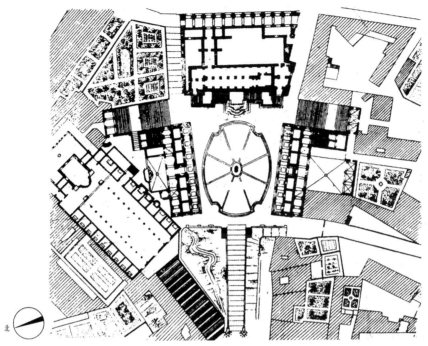

卡比多广场平面图

卡比多广场也称罗马市政广场,位于罗马行政中心的卡比多山(Capitol Hill,政府山)上,背后则是古罗马的罗曼努姆广场遗址。广场呈对称的梯形,进深 79 米,两端分别为 60 米和 40 米,入口有大台阶自下而上。梯形广场在视觉上有突出中心、把中心建筑物推向前之感,是文艺复兴盛期始用的手法。广场主体建筑物是元老院,它的立面经过米开朗基罗的调整,造了一座钟塔;南边是档案馆(Palazzo dei Conservatori,建于 1568 年),北边是博物馆(Palazzo Nuovo,建于 1655 年)。它们的立面虽不高大,但雄健有力。

该广场的一个重要特点是它的前面,梯形的短边完全敞开,面对山下的大片绿地。前景是广场前沿挡土墙上的栏杆和它上面的三对古罗马时代的雕刻品。这三对雕刻品,越靠近中央越大、越高、越复杂,使构图集中、轴线突出。广场正中为罗马皇帝马尔库斯·奥列里乌斯(Marcus Aurelius)骑马青铜像,使广场有一个艺术中心,并且丰富了空间层次。雕像摆在一个微微隆起的椭圆形场地内,一个有 12 个角的星形图案位于广场中央,形成了一种协调的放射状图案。可以说,卡比多广场是建筑艺术和雕刻艺术的综合体。

---

①米开朗基罗·博那罗蒂(1475—1564),意大利文艺复兴时期伟大的画家、雕塑家、建筑师和诗人。他的建筑作品富有创造性,代表作有:佛罗伦萨美第奇家庙(1521—1534)、劳伦齐阿图书室前厅(1523—1526)和圣彼得大教堂的圣坛部分及穹顶(1547—1564)等。

广场周围建筑　　　　　　　　　　　　　　卡比多广场鸟瞰图

广场雕塑　　　　　　　　　　通向卡比多广场的大台阶

实例6　卡斯特罗庄园(Villa Castello,1537 年)

设计:[意]尼科洛·特里波洛(Niccolo Tribolo)

卡斯特罗庄园位于佛罗伦萨西北的卡斯特罗镇,为美第奇家族①后裔科西摩一世(Cosimo
Ⅰ)的庄园。

庄园的别墅建筑位于西南面入口处的底层台地上。这种处理方式,便于与外界联系,对日
常生活更为有利。由于前有建筑,周边有高墙,加强了庄园的封闭性,不易受外界的干扰。

花园建在面向东北的缓坡上,台地共有三层,呈纵向中轴布局格式,以十字形网格园路将台
层等分成若干个绿丛植坛。一层台地中心是一个圆形喷泉,喷泉中竖立着宙斯之子、大力神赫
拉克勒斯(Hercules)同安泰厄斯神(Antaus)角力雕像,喷泉从整体到细部雕刻精美。环绕周围

---

①意大利佛罗伦萨著名家族。美第奇家族最重大的成就在于艺术和建筑等方面,在文艺复兴时期起了很大的促进作用。

的是迷宫,四周还有一些简单的长方形树池。中轴园路通向建在两个台层之间的挡土墙上的洞窟,其上是一狭长的台地,布置成柑橘园,两端建有温室。盆栽的柑橘类植物,夏季点缀在园路两旁的石几上,冬天则搬进温室。柑橘园两侧有阶梯通向上一台层,这里有圆形贮水池,池中有岛,岛上有一座巨大的象征亚平宁山的老人雕像,池周是由丝杉、冬青组成的丛林。从顶层台地上既可以俯视全园,又可眺望园外的河谷景色。

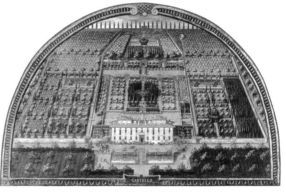

鸟瞰图

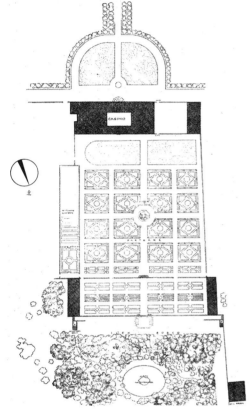

卡斯特罗庄园平面图

台地鸟瞰

圆形贮水池中的岛上象征亚平宁山的雕像

中心雕塑喷泉

卡斯特罗庄园是美第奇家族在佛罗伦萨文艺复兴时期所建庄园中保存较好的一座,后归国家所有,成为对大众开放的公园。

实例7　埃斯特庄园(Villa Deste,1555—1575年)

设计:[意]皮尔罗·利戈里奥(Pirro Ligorio)

埃斯特庄园位于罗马以东40千米处的蒂沃利镇,为红衣主教伊波利托·埃斯特(Ippolito Este)所有。它是意大利文艺复兴盛期最雄伟壮丽的一个别墅园。其具体特点有:

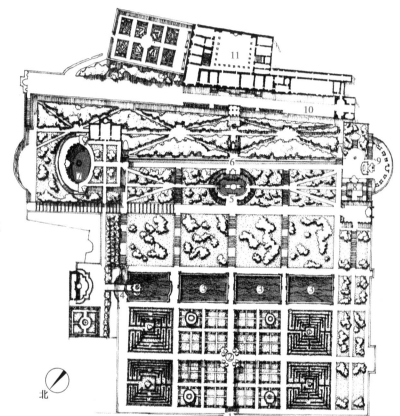

埃斯特庄园平面图

1. 主入口
2. 底层台地上的圆形喷泉
3. 矩形水池(鱼池)
4. 水风琴
5. 龙喷泉
6. 百泉台
7. 水剧场
8. 洞窟
9. 馆舍
10. 顶层台地
11. 府邸建筑

1)选址优美,规模宏大

别墅园坐落在一块朝向西北的陡峭山坡上,园地近似正方形,长约240米,宽约180米。该园选址是与当地环境和周围远处的大环境统一考虑的,取得了很好的联系。

2)布局壮丽

全园布局分成了六个台层,上下高差近50米,高低错落,整齐有序。花园以及大量的局部构图,均以方形为基本形状,反映出文艺复兴全盛期的构图特点。在贯穿全园的主轴以及分布左右的次轴上,遍布高大的植物、花坛和各式喷泉。纵向中轴线,从高处别墅建筑往下一直贯穿全园。横向主要有三条轴线,居中的横轴与纵轴交叉处,设一精美的名为"龙喷泉"的椭圆形泉池,是全园的中心所在;在龙喷泉上面的横轴为"百泉台",其东端为水剧场,西端有雕塑;龙喷泉后面的第三条横轴是水池,水池东端为著名的"水风琴"。

水风琴园

龙喷泉

水剧场

矩形水池

百泉台

3）高超的造园技术

埃斯特别墅园建造时恰逢意大利式园林的全盛时期,包括喷泉、水池和道路在内的石作、经过修剪的植物和与石作结合的水组成了当时园林建造的基本要素,设计师不仅注重光影对比、水影结合的技巧,还有意加入人工机械装置,出奇制胜。

4）丰富多彩的水景设计

在园内有大小500多处喷泉,其中包括10多处大型喷泉。最有名的喷泉包括贝尔尼尼设计的"圣杯喷泉"、利戈里奥的"椭圆形喷泉""龙喷泉""风琴喷泉"以及"猫头鹰与小鸟喷泉"。除喷泉外,各式水道也遍布全园。另一处重要水景是"百泉台",在长约150米的台地上,沿山坡平行辟有三条小水渠;上端有洞府,洞内有瀑布直泻而下,流入水渠;渠边每隔几步,就点缀着数个造型各异的小喷泉,泉水落入小水渠中,再通过溢水口,落在下层小水渠中,形成无数小喷泉。在横轴上还有称为"奥瓦托"(Ovato)的喷泉,边缘有岩洞及塑像,以及称为"罗迈塔"(Rometta)的仿古罗马式喷泉。

实例 8　兰特庄园(Villa Lante,16 世纪中叶)

设计:[意]贾科莫·巴罗兹·达·维格诺拉(Vignola)

兰特庄园位于罗马以北 96 千米的维特尔博城(Viterbo)附近的巴涅亚小镇上。园址是维特尔博城捐献给圣公会教堂(Epicopal Church)的,后来传给红衣主教甘巴拉(Gambera),他用了20 年时间才将庄园大体建成。这座庄园因后租给兰特家族而得名。

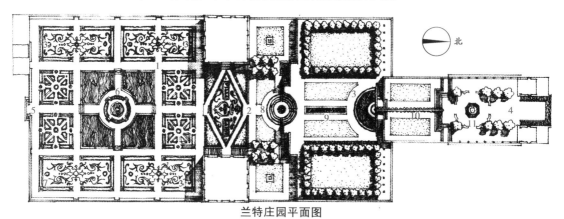

兰特庄园平面图

1.底层台地	2.第二层台地
5.入口	6.底层台地上的中心水池
9.水渠	10.龙虾状水阶梯

3.第三层台地	4.顶层台地
7.黄杨模纹花坛	8.圆形喷泉
11.八角形水池	

底层台地

圆形喷泉和铜像

庄园建造在一处朝北的缓坡上,约宽 76 米、长 244 米的矩形用地十分规整,面积仅 1.85 万平方米。全园高差近 5 米,设有 4 个台层。入口设在底层台地上,近似方形的露台上有 12 块图案精美的黄杨模纹花坛。环绕着中央石砌的方形水池,池中有圆形小岛和十字形小桥,4 块水面中各有一条小石船。岛上有圆形喷泉和铜像,4 名青年单手托着主教徽章,顶端是水花四射的巨星。别墅在第二层台地上,两座相同的建筑分列于中轴两侧,当中是菱形坡道。建筑背后是树荫笼罩的露台,在中轴上有圆形喷泉,与底层水池中的圆形小岛相呼应。两侧的方形庭园

水阶梯

兰特庄园鸟瞰

中有栗树丛林,挡土墙上有柱廊与建筑相呼应,柱间建有鸟舍。第三台层的中轴上是长条形石台,中央有水渠穿过,可借流水漂送杯盘,保持菜肴新鲜。尽端是三级溢流式半圆形水池,池后壁上有巨大的河神像。由此向上的斜坡上,中心是瀑布状水阶梯。顶层台地的中央还有座八角形泉池,造型优美。四周环抱着庭荫树、绿篱和座椅。全园的终点是居中的洞府,用来存贮山泉,也是全园水景的源头。洞府内有丁香女神雕像,两侧为凉廊,廊外有覆盖着铁丝网的鸟舍。

　　兰特庄园以水景序列构成中轴线上的焦点,将山泉汇聚成河流入大海的过程加以提炼,艺术性地再现于园中。从全园制高点上的洞府开始,将汇集的山泉从八角形泉池中喷出,并顺水阶梯疾下,在第三台层上以溢流式水盘的形式出现,流进半圆形水池;餐园中的水渠在第三台层边缘呈帘式瀑布跌落而下,再出现在第二层台地的圆形水池中;最后,在底层台地上以大海的形式出现,并以圆岛上的喷泉作为高潮而结束。各种形态的水景动静有致、变化多端,又相互呼应,结合阶梯及坡道的变化,使得中轴线上的景色既丰富多采,又和谐统一,水源和水景被利用得淋漓尽致。

实例9　巴切托城堡(1556—1620年)

设计:[意]贾科莫·巴罗兹·达·维格诺拉(Vignola),
　　　贾科莫·戴尔·丢卡,吉罗拉莫·雷纳尔蒂(Girolamo Rainaldi)

　　巴切托城堡位于卡普拉罗拉,是在16世纪由红衣主教法尔尼斯(Farnese)修建的一座设防宫殿,是一个庞大的、有堡垒的五角形建筑。1556年,建筑师维格诺拉授命将堡垒改为一座避暑别墅。吉罗拉莫·雷纳尔蒂在1620年左右修建了一些附加物。

　　它最初的形式是摹仿维格诺拉对兰特别墅的设计,如圆形喷泉水池上面有一条水链,由一

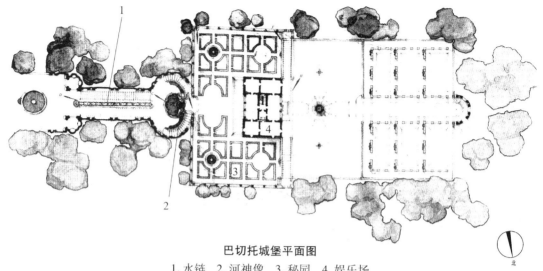

巴切托城堡平面图
1. 水链 2. 河神像 3. 秘园 4. 娱乐场

水链

对对海豚组成,当水滑过海豚间的扇贝水池产生的效果与兰特别墅中的曲线水渠之间的水流相类似。水链的边缘是向上通往广场的坡道,广场上花瓶形状的巨大喷泉两旁放着河神像。弯曲的坡道继续向上通往秘园和娱乐场。这些是16世纪的巴切托城堡的主要组成部分。

雷纳尔蒂设计的17世纪的附加物利用了最初方案的建筑特征。十分有名的普鲁德斯(Prudence)和斯林斯(Silence)巨大的躯干被安放在勾画第一个露台侧面轮廓的墙前面、宏伟的多层基座上,它们给空间增添了夸张的强度和扩张的神秘气氛。安在圆形水池两边倾斜的内外墙之间、具有明显比例关系的亭子,给予构图额外的建筑力量。在花瓶喷泉广场上,弯曲的墙包围了通向上面的楼梯,并且沿着墙构成了粗糙的石雕壁龛、壁柱,代替了用灰泥浮雕装饰的16世纪的表面。

花瓶喷泉

秘园

实例10 加尔佐尼庄园（Villa Garzoni，17世纪初）

设计:[意]奥塔维奥·狄奥达蒂（Ottavio Diodati）

　　加尔佐尼庄园始建于1562年,是由旧军事要塞改建成的别墅。整个花园大体近似于菱形,可分为四部分。在平面上第一、二部分似倒钟状,由分列两侧的高大紫杉树篱环绕。第一部分,沿中轴线对称布置了一对由狄奥达蒂设计的圆形水池和两个大型花坛。在呈缓坡的第二层台地上布置有三组大型花坛,其中第二组位于中轴线上呈狭长方形,而位于它两侧的则呈对称状,为阔长方形。花坛的四框由绿丛植坛构成,中间构图和底层花坛相似,均采用色彩鲜艳的花卉组成。这一手法一反过去花园中少用花卉的教条。花园的第三部分由两层较窄的台地组成。其精华之处是位于中轴线上由建于第三、四、五层台地挡土墙上的壁龛和台阶组成。壁龛和台阶上装饰以栏杆,在壁龛和台阶的侧面上则用马赛克拼成各种花式图案。沿第四层台地前行便是花园的第四部分。它位于中轴线的斜坡上是一个长方形瀑布状水阶梯,它的两侧是登山甬道,而路的两旁则各有一片茂密的树林。在水阶梯的端点处是一座女神雕像,喷泉从她手中的号角喷出,然后落入半圆形水池中。此外,花园中还使用了许多雕塑作品和用常绿树木修剪而成的各种动物造型,丰富了花园的内容。

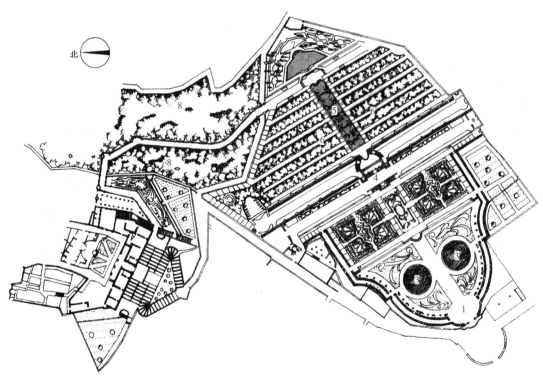

加尔佐尼庄园平面图

1.入口	4.大台阶	7.神像及半圆形水池
2.大型模纹花坛	5.跌水瀑布	8.树林
3.圆形水池	6.甬道	

该庄园是意大利巴洛克园林达到巅峰时期的代表作。

庄园正立面

神像和半圆形水池

瀑布状水阶梯

饰有猴子雕塑的楼梯

实例 11　伊索拉·贝拉庄园(Villa Isola Bella,1632—1671 年)

设计:[意]卡尔洛·封塔纳(Carlo Fontana)

伊索拉·贝拉庄园是意大利唯一的湖上庄园,建造在马吉奥湖(Lake Maggiore)中波罗米安群岛的第二大岛屿上,离岸约 600 米,由卡尔洛伯爵三世博罗梅奥(Carlo Borrmeo)建造。

这座小岛东西最宽处约 175 米,南北长约 400 米,庄园长约 350 米。岛屿的西边宽 50 米、长150 米的用地上有座小村庄,建有教堂和码头。花园规模约为 3 万平方米,人工堆砌出 9 层台地。

沿小岛西北角的圆形码头拾级而上可到达府邸的前庭。作为夏季避暑的别墅,该庄园主要建筑朝向东北方的湖面。向南延伸的建筑侧翼较长,布置成客房和艺术品长廊。南端是下沉式椭圆形小院,称作"狄安娜前庭"。府邸的东北侧建有花园,共有两层台地。上层台地呈长条形,长约 150 米,在草坪上点缀着瓶饰和雕塑,南端以赫拉克勒斯(Heracles)剧场作为结束。剧场是高大的半圆形挡墙,正中是赫拉克勒斯力士像,两侧壁龛中有许多希腊神话中的神像。下层台地是丛林。丛林和狄安娜前庭中都有台阶通向台地花园。

狄安娜前庭的南面有两层台阶,上层是树丛植坛。上方的台地上顺轴线布置两块花坛,两侧各有高大柏木作为背景。再向南是连续的三层台地,北端有著名的巴洛克水剧场,装饰着大量的洞窟和贝壳。石栏杆、角柱上还有形态各异的雕塑,上方矗立着骑士像,两侧是横卧的河神

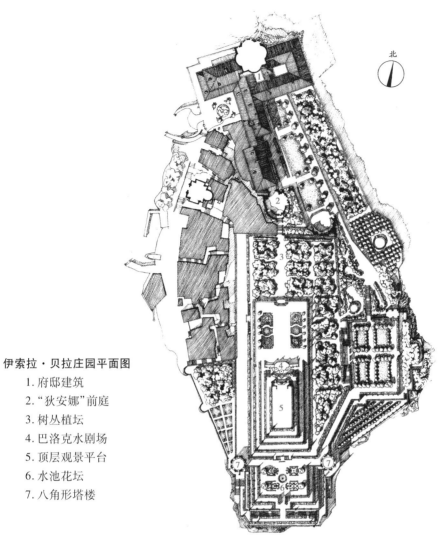

北

伊索拉·贝拉庄园平面图

1. 府邸建筑
2. "狄安娜"前庭
3. 树丛植坛
4. 巴洛克水剧场
5. 顶层观景平台
6. 水池花坛
7. 八角形塔楼

台地景观

台地花园

水剧场两侧台阶

鸟瞰全景

像,在石金字塔上点缀着镀金的铸铁顶。水剧场两侧有台阶通向顶层花园台地,在此可一览四周的湖光山色。花园的南端以连续的9层台地一直下到湖水边,中间的台地面积稍大,有4块精美的水池花坛。其余的台地呈狭长形,以攀缘植物和盆栽柑橘构成绿宫般的外观。

底层台地中有较大的水池,成为抽取湖水供全园之需的蓄水池。花园南部的东西两端各有一座八角形小塔楼,其一作泵房之用。台地下方有贴近湖面的平台,也可作小码头停泊。花园东南角还有一个三角形的小柑橘园,北边的矩形台地上,沿湖采用精美的铁栏杆。

伊索拉·贝拉庄园展示了人工花园台地以及人工装饰的魅力,充分体现出巴洛克艺术的时代特征。

实例 12　西班牙大阶梯(Spanish Steps,1723—1726 年)

设计:[意]斯帕齐(Alessandro Specchi),桑克蒂斯(Francesco de Sanctis)

西班牙大阶梯位于罗马,是由法国人出资,意大利人设计建设的。它将西面(下面)的西班牙广场与东面(上面)的三位一体①教堂(S. Trinta de Monti)前广场连接起来,共有 138 级,可分上、中、下三个部分。

阶梯平面呈一花瓶形曲线形式。阶梯的踏步也是由曲线组成,表现了巴洛克艺术风格。台阶平面长度为 100 米,下口宽约 35 米,中间腰部宽约 20 米,上部瓶口处最窄约 15 米,巧妙地把两个不同标高、轴线不一的广场统一起来。

大阶梯优雅别致,通体灰白色,和山上淡红色教堂交相呼应。从阶梯不同位置观察到的景致都不尽相同,表现出灵活自由、独树一帜的设计手法。

----

①圣父、圣子和圣灵三位一体的意思。

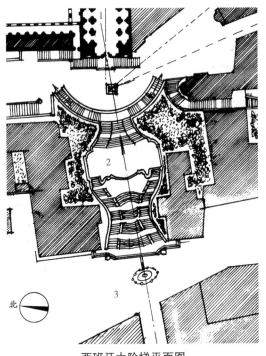

西班牙大阶梯平面图

1.圣三一教堂 2.大台阶 3.西班牙广场

西班牙大阶梯近景

鸟瞰图

圣三一教堂

2.2 法 国

实例 1 圣·米歇尔山(Mount-Saint-Michel)

圣·米歇尔山是法国诺曼第海岸外的岩石小岛和著名的圣地,距离巴黎 323.4 千米。小岛呈圆锥形,周长 900 米,由耸立的花岗石构成。海拔 88 米,经常被大片沙岸包围,仅涨潮时才成为岛。古时这里是凯尔特人祭神的地方。公元 8 世纪,红衣主教奥贝在岛上最高处修建一座小教堂城堡,奉献给天使长米歇尔,成为朝圣中心,故称米歇尔山。

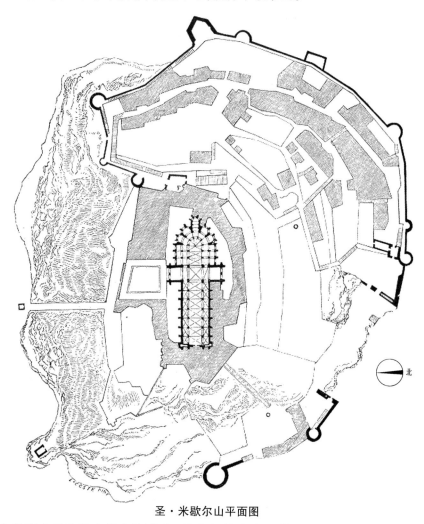

圣·米歇尔山平面图

969 年在岛顶上建造的本笃会修道院,是非凡技艺之杰作,与周围独特的自然环境融为一体。1211—1228 年在岛北部又修建了一个以梅韦勒修道院为中心的 6 座建筑物,具有中古加洛林王朝古堡和古罗马式教堂的风格。1256 年该岛修筑了防御工事,抵挡了英法百年战争及法国宗教战争。18 世纪,修道院衰落,拿破仑在位期间成为国家监狱直到 1863 年。岛上现还存有庄严的 11 世纪罗马式中殿和哥德式唱诗班席。哥德式修道院的围墙兼有军事要塞的雄伟和宗教建筑的朴素,从南侧和东侧中世纪城墙,可一览海湾全景。

海潮决定了圣·米歇尔山地区最主要的自然特征。圣·米歇尔山所处的圣马洛湾拥有全欧洲最大的海潮,潮水涨落的幅度高达13.7米,潮水奔流至狭窄的海湾时形成怒潮。由于海湾深水区不多且底部平坦,退潮时大海距离岸边有15~20千米。一千多年来,大西洋海水潮起潮落,无数的沙被冲向海湾,使海岸线因此向西移动了约5千米,更靠近圣·米歇尔山。1856年填海工程开始。1879年,随着一条堤道的建成,人、车可以直接通过堤坝上山。当天文大潮将堤坝淹没时,圣·米歇尔山才是真正意义上的岛,这种情景现在每年只有两三次。

城堡近景

落潮景象

圣·米歇尔山全景

实例2 谢农索庄园(Le Jardin du Chateau de Chenonceaux,1515—1556年)

设计:[法]德劳姆(Philibert de l'Orme)①

谢农索庄园位于法国西北部安德尔-卢瓦尔省,坐落在卢瓦尔河的支流谢尔河畔,位置十分优越。采用水渠包围府邸前庭、花坛的布局,府邸建筑跨越谢尔河,形成独特的廊桥形式,被认为是法国最美丽的城堡之一。

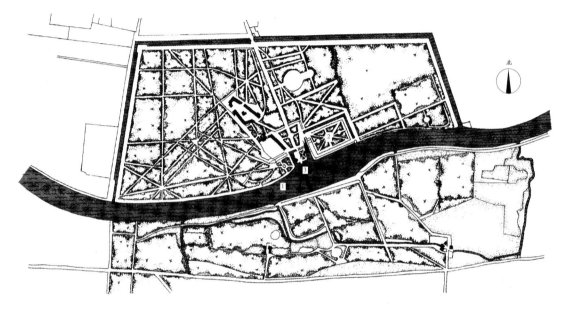

谢农索庄园平面图
1.谢尔河 2.狄安娜花园 3.廊桥式城堡

谢农索庄园最著名的花园是狄安娜花园和卡特琳娜花园。狄安娜花园位于110米长、70米宽的台地上,园址三面环渠、一面临河。花园的布局以"米"字形展开,沿堤岸是宽阔的园路,顺着园路中央的台阶可直通花园。花园被纵横直线及两个对角线构成的四条园路分割成八块三角形。一个大型的圆形花坛被设置在花园中央四条园路的交会处。考虑到防洪的要求,台地四周树立起牢固高大的堤岸,以石块砌筑挡土墙。园中种植了许多果树、蔬菜和花卉,中央有一处喷泉,它是在一块直径15厘米的卵石上钻出直径4厘米的小孔,并插着木栓,水从小孔和木栓之间的缝隙中喷射出来,高达6米。现在的庄园已经改成简单的草坪花坛,有花卉纹样,边缘点缀着紫杉球,称为"狄安娜-波瓦狄埃"花坛。

而卡特琳娜花园却是块近似长方形的场地,南侧沿河,东侧临渠,与庄园前庭相得益彰。花园中心园路交会处建有与狄安娜花园相似的圆形花坛。花园的四个小区也布置成模纹花坛,相比狄安娜花园更加简朴。

谢农索庄园的主体建筑是廊桥式城堡,它与一个新建的石桥融为一体,城堡左右两翼分跨在卢瓦尔河的支流谢尔河两岸,中间由五孔廊桥相连。所以,又被人称为"停泊在谢尔河上的船"。在城堡前的草坪上,布置了一组牧羊及羊群的塑像,给花园带来欢快的田园情趣。园内

①德劳姆(1500—1570),法国建筑师。其代表作品——阿奈府邸花园,是法国第一个将府邸与花园结合为一体的设计作品。

还装饰有大量的铸铁动物塑像,起着点景或框景的作用,并为这座古老的园林增添了一些现代气息。

谢农索庄园有着浓郁的法国味,近处的花园,周围的园林,以及流水的衬托,形成一个和谐的整体,创造出一种令人亲近的环境气氛。

庄园鸟瞰

庄园入口

廊桥式城堡

狄安娜花园

城堡北立面图

城堡南立面图

实例3　丢勒里宫苑(Le Jardins du Chateau des Tuileries,1519—1564 年)

设计:［法］克洛德·莫莱(Claude Mollet)①

　　［意］贝尔尼尼(Gianlorenzo Bernini)②

　　［法］勒·诺特(Andre Le Notre)

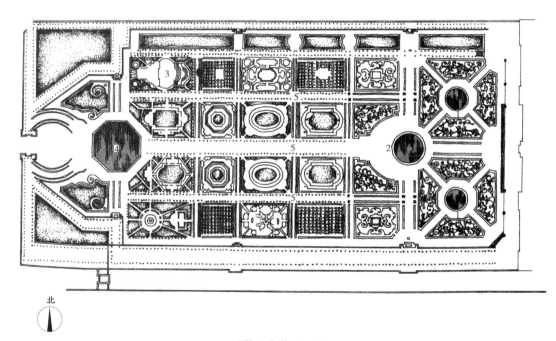

北

丢勒里宫苑平面图

　1. 刺绣花坛　　2. 中轴线上的圆形水池　　3. 绿荫剧场　　4. 中轴线上的八角形水池　　5. 林荫道

　　丢勒里宫苑位于巴黎市中心的塞纳河北岸,占地面积25 万平方米,是巴黎建造的最早的大型花园之一。从路易十三统治时期开始,这座花园就定期对巴黎市民开放,因此被看作是历史

①克洛德·莫莱(1564—1649),法国皇家造园师。他是刺绣花坛的开创者,以绿篱和花草为材料。其他代表作品有:阿奈府邸花园、枫丹白露宫苑、丢勒里花园、圣日耳曼昂莱庄园等。

②贝尔尼尼(1598—1680),意大利著名雕刻家、建筑师和画家。杰出的巴洛克艺术家,是 17 世纪最伟大的艺术大师。其他代表作品有:雕塑"大卫"、巴贝里尼宫、蒙地卡罗皇宫等。

上第一个"公共园林"。

丢勒里宫

东部花园鸟瞰

西部花园鸟瞰

园外中轴线

丢勒里宫苑坐东朝西,与南边的塞纳河相垂直,中央有高大的穹顶大厅。宫苑的西边以弧形的回音壁为结束。建造之初,花园的整体构图十分简单,以路网将全园划分成面积近似相等的方格形园地,布置花坛和树林。

自 1519 年起,丢勒里花园经历了多次改造。1664 年,勒·诺特对花园进行全面改造。经过勒·诺特改造后的丢勒里花园,在统一性、丰富性和序列性上都得到了很大改善,成为古典主义园林的优秀作品之一。

首先在构图上将花园与宫殿统一起来,将宫殿前面原有的 8 块花坛,整合成一对大型刺绣花坛,图案更加丰富细致,在建筑前方营造出一个开敞空间。与刺绣花坛形成强烈对比的是作为花坛背景的丛林,由 16 个茂密的方格形小林园组成,布置在宽阔的中轴两侧。小林园中仍然以草坪和花灌木为主,其中一处做成绿荫剧场。

林荫道

为了在园中形成更加欢快的气氛,勒·诺特建造了一些泉池,重点是中轴两端的圆形和八角形大水池。这两座泉池的处理,也反映出勒·诺特对视觉效果的细心追求。他根据距离的变化产生变形效果,并将中轴东侧的圆形水池加以调整,使它的尺度只有中轴西侧八角形水池的一半,但从宫殿一侧看去,这两座泉池的体量几乎相等,视觉效果更加稳定。

在竖向变化上,勒·诺特将花园南北侧、平行于塞纳河的散步道抬高,形成夹峙着花园的两条林荫大道。高台地在花园的两端汇合,并在中轴线的端点上围合成马蹄形的环形坡道,进一步强调了中轴景观的重要性,并增加了视点在高度上的变化。高起的林荫道与环形坡道的兴建,增强了花园地形的变化效果,平面布局也富有变化,使花园的魅力倍增。

在此后丢勒里花园又经过了几次改造,但大体上仍保留着勒·诺特的布局。丢勒里花园的大花坛与凯旋门广场连成一体,花园面积也大大增加,与卢浮宫连在一起。19世纪进行的巴黎城市扩建工程,为花园增添了向外延伸的壮丽中轴线,与巴黎城市里其他许多受其影响的轴线相连接,构成了巴黎城市的骨架。

丢勒里花园从宫苑到城市公园的转变,在巴黎城市发展中占有重要的地位,从18世纪起对西方许多城市的发展产生了深刻的影响。

实例4 卢森堡花园(Luxembourg Gardens,1612—1627年)

设计:[法]德冈(De Camp)[①]

[法]萨罗门·德·布鲁斯(Salomon de Brosse)[②]

[法]夏尔格兰(Jean Franconis Chalgrin)[③]

卢森堡花园目前是巴黎市的一座大型公园,坐落在市中心。花园继承并展现了法国传统园林的中轴对称、规整有序的布局特色。

花园最早是在1612年由德冈设计建造的,后经美化装饰,形成一座由阶梯式挡土墙夹峙的花园。园中有花卉种植带、喷泉、小水渠,以及由紫杉和黄杨组合而成的花坛。宫殿周围至今仍保留着当时的风貌。园址的地形十分平缓,因此设计师在园中兴建了十多级踏步的斜坡式草地和台地;中心的八角形水池规模巨大,十分壮观,两侧有精美的刺绣花坛。在中心花园西边的台地后方,则是整齐的丛林和林荫大道,行道树下点缀了许多雕像。

园林的总体布局象征绝对君权,公园中心采取几何对称的布局,有明确的贯穿整座园林的轴线对称关系。水池、草坪、树木、雕塑、建筑、道路等都在中轴上依次排列,把主轴线作为视觉中心。中轴线的最底端是整个地段的最高处,前面有笔直的林荫道通向城市。18世纪英国风景园兴盛时,卢森堡花园也有很大一部分被改造,包括自然式草地、树丛和孤植树等。其余部分也逐渐被改造成具有林荫道围合的方格形小园,面积大小不一,或成为景观设施,或是简单的草地。保留下来的水渠、园路、美丽的泉池、构图简洁的大花坛以及两个半圆形水池,使其至今尚存文艺复兴时期园林的风貌。

整个花园中心是最开阔的公共空间,在卢森堡花园发展为城市公园后,又结合了公园的"服务"功能,创造出许多游人和市民休闲娱乐的场所。而中轴线两侧的规则式花园则被处理

---

①德冈,法国建筑师。其他代表作品有:沃·勒·维贡特庄园。

②萨罗门·德·布鲁斯(1571—1626),是17世纪最有影响力的法国设计师、建筑师。其他代表作品有:沃·勒·维贡特庄园等。

③夏尔格兰(1739—1811),法国著名建筑师,发展了新古典主义建筑风格。其他代表作品有:巴黎星形广场、凯旋门等。

为半私密空间,由林荫道围成,面积或大或小,布置多块草坪,满足不同人群的需要。

卢森堡花园产生于文艺复兴盛行时期,在历史的进程中,随着法国历史文化和园林风格的沉淀而不断发展,体现了统一均衡的园林美学。

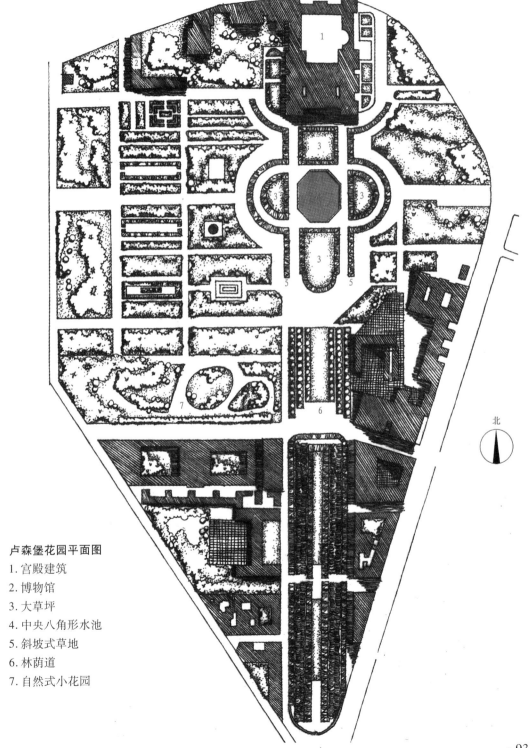

北

卢森堡花园平面图

1. 宫殿建筑
2. 博物馆
3. 大草坪
4. 中央八角形水池
5. 斜坡式草地
6. 林荫道
7. 自然式小花园

刺绣花坛

宫殿建筑

局部鸟瞰

林荫道

泉池

实例5　沃·勒·维贡特庄园(Vaux-Le-Vicomte Gastle,1656—1661年)

设计:[法]勒·诺特(Andre Le Notre)[①]

　　沃·勒·维贡特庄园是路易十四时期财政总监尼古拉·福凯(Nicolas Fouquet)的别墅园,位于巴黎南郊约51千米处一条名为安格耶(Anqueil)的小河的河谷地带,占地面积70多万平方米。

　　整个庄园由府邸、花园、林园三部分组成。平面采用轴线式布局,由北向南依次展开。府邸位于中轴线北端,往南是花园部分,花园外侧由林园围合。

　　庄园的核心部位是位于中轴线上的依次展开的花园。花园的三个主要段落,各具鲜明特色,且富于变化,使花园的景色丰富多彩。第一段的中心是一对刺绣花坛[②],红色碎石衬托着黄杨花纹,角隅部分点缀着修剪成几何形的紫杉及各种瓶饰。刺绣花坛和府邸的两侧,各有一组

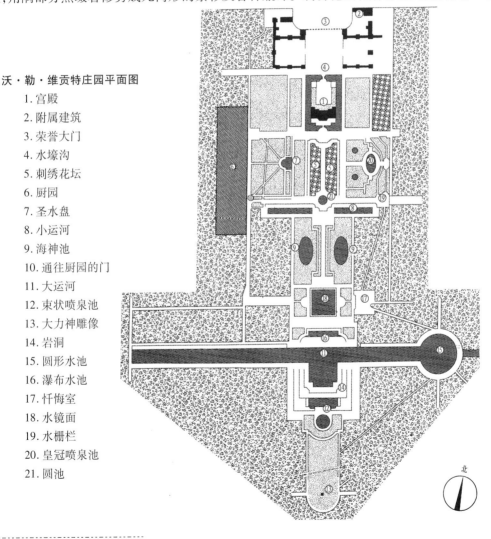

沃·勒·维贡特庄园平面图

1. 宫殿
2. 附属建筑
3. 荣誉大门
4. 水壕沟
5. 刺绣花坛
6. 厨园
7. 圣水盘
8. 小运河
9. 海神池
10. 通往厨园的门
11. 大运河
12. 束状喷泉池
13. 大力神雕像
14. 岩洞
15. 圆形水池
16. 瀑布水池
17. 忏悔室
18. 水镜面
19. 水栅栏
20. 皇冠喷泉池
21. 圆池

北

---

①勒·诺特(1613—1700),法国伟大的造园家。他创造了大轴线、大运河等雄伟壮丽、理性严谨的造园样式。其他代表作品有:凡尔赛宫苑、索园、圣·克鲁园、丢勒里花园等。

②是将黄杨之类的树木成行种植成刺绣图案一般的一种花坛形式。路易十三时期,这种花坛中常栽种花卉培植草坪。

全园鸟瞰

花坛台地。东侧台地略低，因为这里就是原有支流河谷的位置，著名的王冠喷泉就位于此。第一段的端点是圆形水池，两侧为小运河，水渠东端原来是水栅栏和小跌水，现在是几层草地平台。这里是花园第一条明显的横轴。

从第二段中轴路两侧过去有小水渠，密布着喷泉，现已改成草坪种植带，其后是矩形草坪围绕的椭圆形水池。沿中轴路向南，有方形水池，称为"水镜面"。花园的东侧，有一洞窟，其上部的平台是观赏花园的最佳视点。第二段花园的边缘，是低谷中的横向大运河。从安格耶河引来的河水，在这里形成长近1 000米、宽40米的运河，将全园一分为二。中轴处水面向南面扩展，形成一块内凹的方形水面，成为两岸围合而成的、相对独立的水面空间。在北花园的挡土墙上，有几层水盘式的喷泉、叠水，其间饰以雕塑，形成壮观的飞瀑。

由皇冠喷泉远望主建筑

中轴线上的喷泉及尽端雕像

第三段花园坐落在运河南岸的山坡上，坡脚倚山就势建有七开间的洞府，内有河神雕像和喷泉。大台阶上有一座圆形水池，再往上是树林分列两旁的草坡，坡顶中央耸立着的大力神镀金雕像，构成花园中轴的端点。

花园两边是浓密的林园，高大的树木形成花园的背景。树林形成的绿墙或开或合，围合出花园的空间，最后在花园的南端收缩并随地形上升，将视线集中于大力神雕像及其身后的林海中，透视深远。

沃·勒·维贡特庄园是法国古典主义园林达到巅峰的前奏，并使它的设计者勒·诺特一举成名。

从宫殿平台看花园

实例 6　凡尔赛宫苑(Versailles Palace,1663—1689 年)

设计:[法]勒·诺特(Andre Le Notre)

　　凡尔赛宫苑位于法国首都巴黎西南部的凡尔赛城,是欧洲最大的王宫,原为国王路易十三的猎庄,由路易十四进行重建。凡尔赛宫苑建造历时 26 年之久,是路易十四统治下的法国政治、社会和文化状况的一种反映,代表了理性主义的文化思潮,体现了绝对君权制度。其造园特点有:

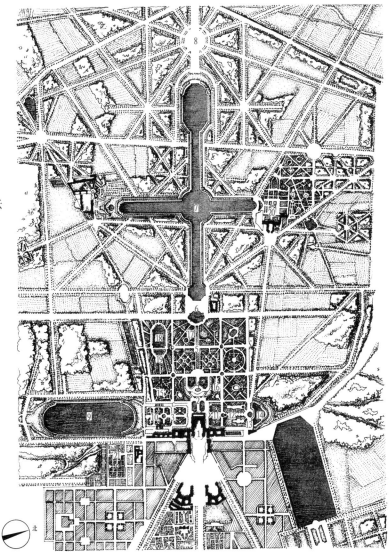

凡尔赛宫苑平面图

1. 宫殿建筑
2. 水花坛
3. 南花坛
4. 拉托娜泉池及"拉托娜"花坛
5. 国王林荫道
6. 阿波罗泉池
7. 大运河
8. 皇家广场
9. 瑞士人湖
10. 柑橘园
11. 北花坛
12. 水光林荫道
13. 龙泉池
14. 尼普顿泉池
15. 迷宫丛林
16. 阿波罗浴场丛林
17. 柱廊丛林
18. 帝王岛丛林
19. 水镜丛林
20. 特里阿农区
21. 国王菜地

1) 规模庞大

　　凡尔赛宫殿坐东朝西,建造在人工堆起的高地上,南北长 400 米,中部向西凸出 90 米,长100 米。从宫殿引伸出的中轴线长达 3 千米,向东、西两边伸展,形成统领全园的主轴线。园林在宫殿西侧,占地达 100 万平方米。

2) 严谨的轴线关系

通过运用笛卡尔的数学方法和透视原理,以宫殿的中轴线作为全园的主轴线,然后以不同形式的纵横轴线和若干条放射状轴线,将整个园林划分成若干区域。园内道路、树木、水池、亭台、花圃、喷泉等均呈几何图形,有统一的主轴、次轴,构筑整齐划一、均衡匀称,体现出浓厚的人工修凿痕迹。

3) 水景的运用

十字形人工大运河是整个宫苑中最壮丽的部分,它是为了解决排水而设计的,也是全园水景用水的蓄水池,同时延长了花园中轴的透视线。运河纵向长 1 650 米,宽度为 62 米,横向长 1 013米,供路易十四在水上游玩。此外,还运用了水池、喷泉、湖、瀑布等其他水景。

雕像

阿波罗喷泉

拉托娜喷泉

凡尔赛宫殿

凡尔赛宫大镜廊

王家大道

丛林园中的环形柱廊

柑橘园和瑞士人湖

4）植物造景

采用多种方式进行植物造景，其中，常绿树种在设计中占据首要地位，其他花木品种丰富多样。按照理性主义的美学观念，植物的修剪采取几何形式，统一到整体构图中。

5）丛林园的布局

独立于轴线之外的14个丛林园使整个宫苑拥有了众多内向、私密的小空间，这里是消遣娱乐、举行各种宴会的场所。由于主题的不同，丛林园的风格有很大差异，但在密林包围下，又统一在整体之中。如大运河的外围丛林，左臂运河动物园丛林，拉托娜、阿波罗水池喷泉之间两侧的丛林，以及水剧场半圆形舞台的背景丛林，还有具有动物装饰的喷泉背景丛林等。

中轴线鸟瞰

6）遍布雕像

园内分布大量题材丰富、造型各异的雕像，用来点缀庭园并起到加强空间效果的作用，其中以拉托娜和阿波罗神塑像为核心的喷水池是两处重要景点。在两大喷水池中间的林荫路两侧各布置一排塑像，起到陪衬作用。在宫前两侧的横轴线和水池周围，也都布置有精美的雕像，同样起着点景和衬景作用。

7）花园与建筑相结合

园中花园的空间造型同宫殿建筑外形紧密联系，有的还将花园景色引入室内。如著名的镜廊，全长72米，一面是17扇朝向花园的巨大拱形窗门，另一面镶嵌与拱形窗门对称的由400多块镜片组成的17面镜子，在镜面中反映了花园景色。

凡尔赛宫苑继承了欧洲造园传统，尤其是在文艺复兴园林的基础上，创造出法国勒·诺特式园林①，并统率欧洲造园长达一个世纪之久，对世界园林的发展形成了极大的影响。

----

①西方古典园林的一种重要风格，其开创者是17世纪法国造园家勒·诺特。它是路易十四统治下的法国政治、社会和文化状况的一种反映。这种风格具有宏伟壮丽、中轴突出、严谨对称的特点，具有很高的艺术成就。

实例 7 枫丹白露宫苑(Fontainebleau Palace,12—19 世纪)

枫丹白露宫苑建造在巴黎东南处一片森林沼泽地带,这里的湖泊、岩石和森林构成美妙的自然景观。从 12 世纪起,法国历代君王几乎都曾在此狩猎和居住,这里逐渐形成王室的一处行宫。

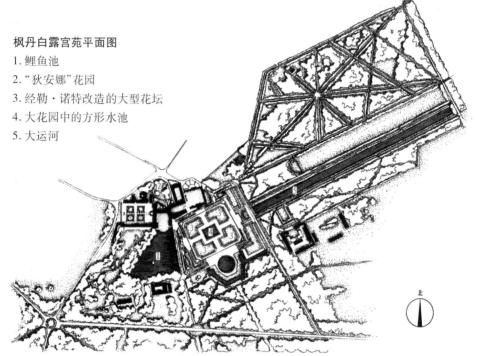

枫丹白露宫苑平面图
1. 鲤鱼池
2. "狄安娜"花园
3. 经勒·诺特改造的大型花坛
4. 大花园中的方形水池
5. 大运河

北

鲤鱼池

狄安娜雕像

枫丹白露宫苑的建筑群比较庞杂,大体上是由 3 个相互连接的院落组成。主体建筑是 1528 年当时的法王弗兰西斯一世将原有的旧建筑拆除,建立起新的漂亮的城堡。新城堡的式样是以意大利文艺复兴时期的风格为模本。全园大体可分为 4 部分:主园路东侧花园、正面庭院及鲤鱼池、鲤鱼池两侧花园,以及后院的狄安娜花园。东侧花园在弗兰西斯一世时为跑马场和果园,亨利四世时建为花园。位于主建筑正面的庭院花园由亨利四世所建,花园呈田字形划分,中间放置有苔伯河神的雕像。在花园的各个角上,建有成对的喷泉。路易十四时,勒·诺特曾对该园进行过重新设计,建立了两条正交的轴线,将原有的要素统一起来,创造出广袤辽阔的空间效果,而且对此间的运河进行了加宽扩建,使其更为壮观。

庭院花园

大花园中的方形水池

枫丹白露宫大花园

枫丹白露宫入口庭院

狄安娜花园(又称皇后花园或橘园)变化较大。现在的花园是由亨利四世将其扩建而成的。当时花园的3个侧面由长廊相围,开放的一侧则是一座大型仿意大利风格的鸟舍。鸟舍的屋顶由铜线编成,里面还栽有高大的树木和常绿的灌木。狄安娜雕像仍然放置在园中央,不过它已被改为喷泉池。到了路易十四时,则用他非常偏爱的橘子树取代了鸟舍。勒·诺特也对花园进行了改造,将喷泉池四周设计为刺绣花坛,并配以雕像装饰。狄安娜花园现状为拿破仑时期改成的英国式园林。

枫丹白露宫苑虽然是各个时期不同设计师作品的结合,但总体上依然协调统一,尤其是东西向轴线,尽显勒·诺特式园林宏伟壮丽的风格。

实例8 小特里阿农王后园(Petit Trianon Garden,1784年)
设计:[英]理查德·米克(Richard Mique)

小特里阿农王后园总体格局为规则和自然的混合,入口左面为规则式,占大部分面积的右面与后部为自然式。

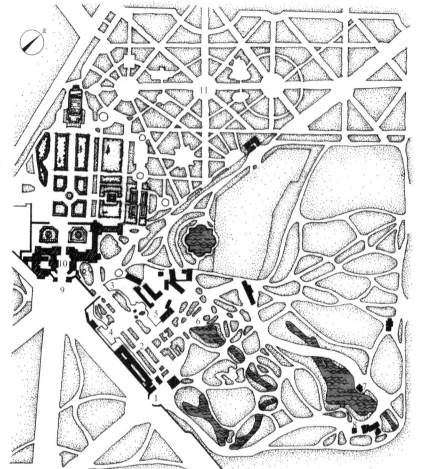

小特里阿农王后园平面图

1. 小特里阿农宫入口
2. 小特里阿农宫
3. 过桥
4. 花园与法国亭
5. 王后剧场
6. 王后小村庄
7. 岩石山、望景台、小湖面
8. 爱神庙
9. 大特里阿农宫入口
10. 大特里阿农宫
11. 大特里阿农宫花园

小村庄

此园的建造分两个阶段。第一段为路易十五模仿路易十四的凡尔赛宫内特瑞安农宫修建，建造了温室和花圃，收集了大量的国外树种，具有植物园的特征，于1776年完成。第二段为路易十六继承王位后，将此园赐给王后玛丽·安托瓦奈特（Marie Antoinette）。王后对花园进行了全面的改造，成为一处绘画式风景园林。在园内溪流中央的小岛上布置了一个圆亭，与特里阿农宫殿的东立面相对。此亭为著名的"爱神庙"，12根科林斯柱支撑着穹顶，中央是爱神塑像。另一座著名建筑为"观景台"，与特里阿农宫殿的北立面相对。"爱神庙"建于1779年，三年后建成"观景台"。几年之后，王后又建造了一座"小村庄"，形成了村落式的田园景色。在花园东部，围绕着精心设计的湖泊，布置了10座小建筑。从湖中引出的一条小溪边建有"磨坊""小客厅""王后小屋"和"厨房"；湖的另一侧，建有"鸟笼""管理员小屋"和"乳品场"等。这些小建筑物采用轻巧的砖石结构，外墙面抹灰，绘上立体效果逼真、使人产生错觉甚至幻觉的画面。其中"磨坊"最有魅力、外观最简洁,它模仿诺曼底地区的乡间茅屋,很有特色。"小客厅"有与"磨坊"一样的茅草屋顶,外观令人愉悦。

小特里阿农王后花园是法国风景式园林的代表杰作之一。

爱神庙

磨坊

观景台

实例 9　肖蒙山丘公园(Parc des Buttes-Chaumont,1864—1867 年)

设计:[法] 查尔斯·阿尔方(Jean-Charles Alphand)①

　　[法] 让·彼埃尔·德尚普斯(Jean-Pierre Barillet-Deschamps)②

　　[法] 加布里埃尔·达维德(Gabriel Davioud)③

肖蒙山丘公园位于巴黎东北部 19 区南部,占地面积 24.73 万平方米,是巴黎面积第五大的绿地,也是拿破仑三世风格最具代表性的作品④。

公园最宽处达 450 米,周长 2 475 米,主要景点围绕四座小山丘布置,多变的地形产生了别具一格的公园风貌。公园建造前,这里还是石灰石采石场,随着城市的扩张,这块废地开始受到

----

①查尔斯·阿尔方(1817—1891),法国桥梁和道路的兵团工程师,设计作品具有独特的浪漫主义气息。其他代表作品有:蒙彼利埃植物园等。

②让·彼埃尔·德尚普斯(1824—1873),法国园艺师、景观建筑师。他的设计元素丰富多样,包含湖泊、曲径、草坪坡地、奇异的树木和花圃园等,这种风格曾对整个欧洲和美国的公共园林产生巨大的影响。其他代表作品有:蒙苏里公园、巴黎公园等。

③加布里埃尔·达维德(1824—1881),巴黎市的首席建筑师。其他代表作品有:圣米歇尔广场等。

④拿破仑三世希望建造一个历史性并被植物环抱的公园。

重视。阿尔方运用混凝土等材料模仿自然地貌，甚至是岩洞中的钟乳石，使得园内的景观达到人工与天然的完美统一。

肖蒙山丘公园的平面呈月牙形，有着"佩斯利涡纹"的图案①。由于地形原为一坡地，最南端的锐角顶点处的相对城市路面标高是 85 米，公园中沿着克利牟街南端的标高为 89 米，北边的标高为 67 米。最后经过石料开采和阿尔方的地形重塑之后，仅留下了由南向北和向东穿越公园的五处高峰。公园中部是几近圆形的大型人工湖，中央矗立 50 多米高的山峰，四周又用大块天然岩石砌筑了陡峭的悬崖峭壁，成为公园标志性景观。其中在盾形湖面上的岛屿上有一所景亭，由达维德设计，称"女巫庙"，高出湖面 30 米，使山峰看起来更加高耸，从而成为全园的中心。一座称为"自殉者之桥"的悬索桥跨越山谷，将岛与湖岸联系起来，人们可乘船到达岛上。公园园路长达 5 千米，视线或收或放，为游人提供了不断变化的视角。

公园的植物景观由德尚普斯设计完成，全园以阔叶树作为主要园景树，奠定了公园的整体植物基调。德尚普斯还采用了大量外来树种进行分层与群落式种植，公园内部以银色叶雪松、黄色叶刺槐以及铜色叶的山毛榉同公园陡峭的草地融合在一起，形成一定的戏剧性效果。

肖蒙山丘公园作为晚期浪漫主义与早期现代主义风格之间的新型城市公园，以其独特的景观形式和富于戏剧性的表现手法使之成为造园史上的经典案例。无论是功能与形式，还是园中细节，均体现了当时法国城市公园的风格特征以及人们的精神风貌与审美态度。

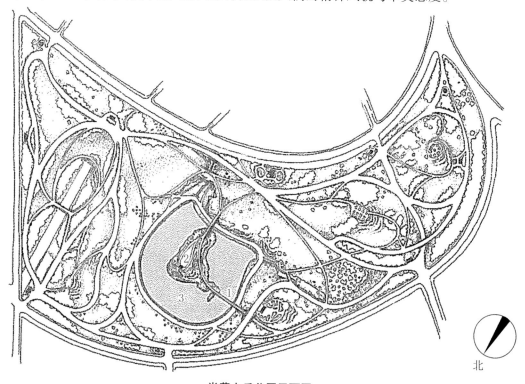

肖蒙山丘公园平面图
1. 自殉者之桥　　2. 女巫庙　　3. 人工湖

北

---

①本为印度克什米尔地区的一种特色织物图案，在 18 世纪传到了欧洲。图案多来自菩提树叶或是海枣树叶，而这两种树具有"生命之树"的象征意义，因此这种图案具有一定的神话色彩。

肖蒙山丘公园鸟瞰图

湖岸景观

山峰及女巫庙

自殉者之桥

实例 10　萨伏伊别墅屋顶花园（Roof Garden of Villa Savoye，1930 年）

设计：[法]勒·柯布西耶（Le Corbusier）[1]

　　该园位于巴黎郊区，它是由果园和牧场构成的基地，中央微微隆起，环绕着一条乔木林带。建筑为 22.5 米×20 米的方形钢筋混凝土结构。底层三面有独立的柱子，居住层伴着它的屋顶花园及日光浴场架于地面之上。房子总的体形是简单的，但是内部空间却相当复杂。在楼层之间，采用了斜坡道的设计，增加了上下层的空间连续性。坡道位于底层入口进门的中轴线上，顺着坡道来到二层，沿坡

日光浴场

道左侧的玻璃窗外是屋顶花园，坡道正面是主起居室的入口。整个生活起居都包括在二层 L 形状之内，L 形的一边是开放的屋顶花园。

　　屋顶花园是二层部分唯一的开放空间，也是别墅中最为著名的一处景观，勒·柯布西耶通过凹形布局来采集光线，并遮蔽了地面上人的视线。屋顶上利用边角空间设计成花池，里面种一些花草，其余均为硬质铺地。绿化作为屋顶白色空间的点缀，使人感受到自然的融入。封闭

---

①勒·柯布西耶（1887—1965），现代主义建筑运动的激进分子和主将，也是 20 世纪最重要的建筑大师之一。其他代表作品有：巴黎瑞士学生宿舍、巴西里约热内卢教育卫生部大楼、马赛公寓大楼、郎香教堂、印度昌迪加尔城市规划等。

耸立的实墙和白色栏杆使这个屋顶花园看上去更像一个吸收阳光的室外起居室。沿坡道通往更上层日光浴场，是整个空间序列的终点。其曲面的形式不仅能够挡风，而且提供了一个极丰满的建筑元素。墙上未镶玻璃的空窗很好地起到了框景作用，让人能欣赏到塞恩（Seine）山谷的优美景色。

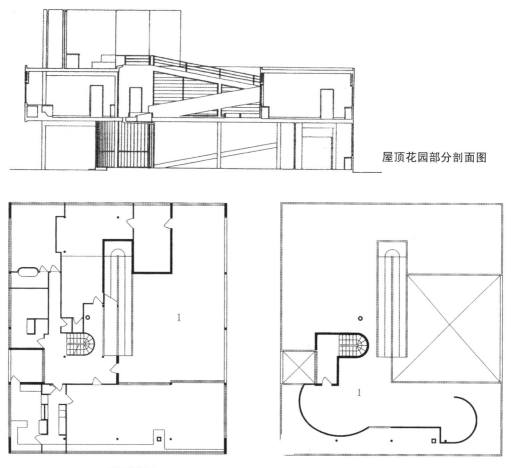

屋顶花园部分剖面图

1—屋顶花园

1—日光浴场

坡道到达日光浴场

屋顶花园

萨伏伊别墅的屋顶花园是勒·柯布西耶始终不渝的创新过程中的一个范例,并且完美地体现了他提出的现代建筑的特点①。

实例 11　拉·维莱特公园(La Villette Park,1987 年)

设计:[瑞士]伯纳德·屈米(Bernard Teschumi)②

　　　　[法]亚历山大·谢梅道夫(Alexandre Chemetoff)③

拉·维莱特公园位于巴黎市东北角,占地约 55 万平方米,是巴黎市区内面积最大的公园之一。基地曾是巴黎的中央菜场、屠宰场、家畜及杂货市场。拉·维莱特公园环境十分复杂,东西向的乌尔克运河把公园分成南北两部分。南部有 19 世纪 60 年代建造的中央市场大厅。大厅南侧是一座大型音乐厅。公园北部是国家科学技术与工业展览馆。

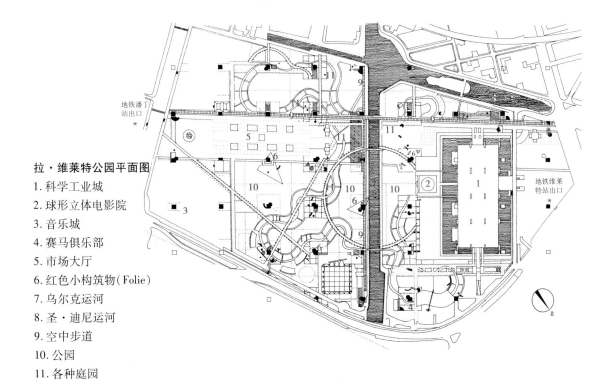

拉·维莱特公园平面图

1. 科学工业城
2. 球形立体电影院
3. 音乐城
4. 赛马俱乐部
5. 市场大厅
6. 红色小构筑物(Folie)
7. 乌尔克运河
8. 圣·迪尼运河
9. 空中步道
10. 公园
11. 各种庭园

①勒·柯布西耶于 1926 年提出的革命性的建筑观点——新建筑五项原则,内容为:立柱、屋顶花园、水平长窗、自由平面、自由立面。其中对屋顶花园的描述是:新技术的使用在结构上保证平屋顶的隔水性,以开放的平台代替传统的坡顶阁楼,将自然景色带入人的居住环境之中,同时不破坏立方体形态的体积感。

②著名建筑评论家、设计师,他把建筑提升到文化模式中加以认识,并提出建筑是一种无法改变社会和经济条件的媒介,其他代表作品有:东京歌剧院、德国 Karlsruhe 媒体传播中心以及哥伦比亚学生活动中心等。

③著名风景园林师,他的设计作品涵盖面非常广泛,包括广场、居住区、集团公司环境和大学校园、城市设计、高速公路景观、工业园区以及区域景观规划等,其他代表作品有:法国驻印度新德里大使馆花园设计、法国财政部大厦环境设计、巴黎近郊犹太城住宅区环境设计、南特市会议大厦环境设计、里昂交易所广场设计等。

钢铁建筑物—"Folie"

长廊和乌尔克河

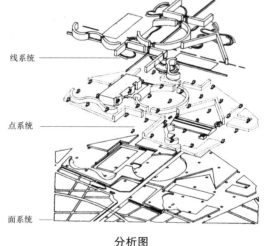

线系统

点系统

面系统

分析图

公园是作为城市公共生活空间和城市文化设施来建造的。它主要在三个方向与城市相连:西边是斯大林格勒广场,以运河风光与闲情逸致为特色;南边以艺术气氛为题;北面展示科技和未来的景象。屈米通过一系列手法,把园内外的复杂环境有机地统一起来,满足了各种功能的需要。他的设计非常严谨,方案由点、线、面三层基本要素体系相互叠加而成。"点"由120米的网线交点组成,在网格交

公园游览路

点上共安排了40个鲜红色的、具有明显构成主义风格的构筑物,屈米把它们称为"Folie(疯狂)"。这些构筑物以10米边长的立方体作为基本形体加以变化,有些有具体功能,如茶室、图

书室、问讯处等,这些使用功能也可随游人需求的变化而改变。另一些附属于建筑物或庭园,还有一些没有功能。公园中"线"的要素包括两条长廊、几条笔直的林荫路和一条贯通全园主要部分的流线形的游览路。这条精心设计的游览路打破了由 Folie 构成的严谨的方格网所建立起来的秩序,同时也联系着公园中 10 个主题小园(包括镜园、恐怖童话园、风园、雾园、龙园、竹园等)。这些主题园分别由不同的风景师或艺术家设计,形式上千变万化,有的是下沉式的,有的以机械设备创造出来的气象景观为主,有的以雕塑为主。公园中"面"的要素就是这 10 个主题园和其他场地、草坪、树丛及水体。

拉·维莱特公园以现代的"拆散"和"分离"现象作为构思依据,运用"重叠""并合"等手法,以体现矛盾与冲突,它完全改变了传统公园的理念。

实例 12 旺多姆广场(Place Vendôme,1991—1992 年)

设计:[法]皮埃尔·布鲁内特(Pierre Prunet)

旺多姆广场位于巴黎城中心的第一区,曾是法国巴洛克时代最著名的城市广场,最初是由设计师朱尔·阿杜安·芒萨尔(Jules Hardouin Mansart)于 1699 年为旺多姆公爵设计。广场平面为抹去四角的矩形,长宽 141 米×126 米,有一条大道在此通过。中央原有路易十四的骑马铜像,法国大革命后被拆除,于 1810 年被拿破仑为自己建造的高达 44 米的青铜柱所代替。旺多姆广场所创造的统一和谐的立面造型和合理简洁的平面布局,都是那个时代的经典。

在新设计中,皮埃尔·布鲁内特对场地上的历史元素给予了充分的尊重,包括广场中心的旺多姆柱以及由朱尔·阿杜安·芒萨尔设计的四周立面都未改变。他致力于改造广场的地面,设计了一种大片的整体地面,称得上是朱尔·阿杜安·芒萨尔最初设想的现代版。

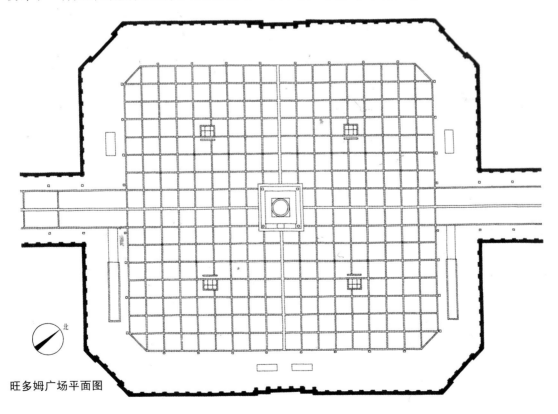

旺多姆广场平面图

划分人行与车行的花岗石柱

座凳

广场建筑立面

地下停车场

除沿建筑物外墙 15 米宽范围内的步行道以外,广场其他的部分都处于同一水平面上,浅色花岗石使广场形成统一的整体。由于采用了两种大小不同的方形石材铺装,整个花岗石地面形成了若干大小的正方形地面。广场的划分是由一些条石带来完成的,条石带中间的表面则是由一些小块的、切割精确的传统铺路石铺成。

广场地面精致而平整,方便人们行走。除了旺多姆柱以外,广场中没有其他元素来破坏广场的表面。改造后的广场发展成一个五层的地下停车场,四个通往地下停车场的入口布置在柱的四周。由于广场上没有设座椅,停车场的入口就成为了人们静态的交往场所。

整个广场呈现出一种宁静的气氛,很引人注目。一系列的矮立柱沿广场的长边方向排列,贯穿整个广场。在它们的提示下,地面不需明确划分,广场也能做到人车分流。沿机动交通部分的边缘设置了古典风格的路灯,使广场更加明亮。广场上元素虽少,但优雅古典的气氛却体现得十分充分。

旺多姆广场鸟瞰

实例 13　香榭丽舍大街(Avenue des Champs-Élysés,1992—1994 年)

设计:[法]贝尔纳德·于埃(Bernard Huet)

　　香榭丽舍大街历史悠久而丰厚,其演变同巴黎的市政发展紧密相连。1667 年,勒·诺特为拓展杜勒里皇家花园(Jardin cles Tuileries)①的视野,将其东西向轴线延伸至圆点广场(Rond-Point)②,由此形成大街的雏形。1828 年,巴黎市政府为它铺设人行道,安装路灯和喷泉,使它成为法国第一条林荫大道。1836 年,凯旋门在香榭丽舍大街的尽头——星形广场(Place de Eroile)落成。20 世纪 90 年代初,针对交通拥堵、行人受车辆干扰、街道景观混乱的状况,巴黎市政府启动整修工程,令香榭丽舍大街再次焕发活力。

北

香榭丽舍大街平面图

----

①16 世纪,亨利二世的王后卡特琳娜·德·美第奇在巴黎城外塞纳河的北岸修建的宫苑,风格上接近意大利文艺复兴式样。1662 年,路易十四下令改造杜勒里宫苑,围绕宫苑的围墙被拆除,勒·诺特负责花园的设计。杜勒里花园在巴黎城市发展中占有重要的地位,花园的轴线奠定了巴黎城市后来发展的方向。

②坐落于巴黎市中心星形广场,是拿破仑一世为纪念他大败奥俄联军的功绩,于 1806 下令兴建。凯旋门高 49.54 米,宽 44.82 米,厚 22.21 米,是"帝国风格"建筑的代表作之一,也是巴黎的标志性建筑。以它为中心点放射出的 12 条大道,气势磅礴,为欧洲城市设计的典范。

地下停车场

凯旋门

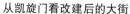

从凯旋门看改建后的大街

街道

　　香榭丽舍大街全长 2.1 千米,跨两个街区。改建计划主要集中在靠近凯旋门的长 1 200 米的部分。改善行人的环境条件是这个项目的一个关键目标,取消停车道,街道两旁的人行道从原来的 12 米拓宽到 24 米,街道仍然具有行车交通的功能,而停车则是设在新的人行道下面的五层的地下停车场,地下停车场的入口坡道建在新的人行道中。

　　新拓宽的人行道路面全长都用连续的花岗石铺装,统一了街道中各种不规则的要素,如路面的高差、下到车库的斜坡等。人行道用浅灰色花岗石铺设,中间嵌有深色花岗石装饰。简洁而高雅的铺地改变了城市空间的面貌,提高了城市的品位。香榭丽舍大街两侧的人行道总面积达到 47 300 平方米。

花岗石铺地从纵向把人行道分成 4 个区域。最靠近建筑的区域是功能区,餐馆可以在 5 米范围内设置玻璃屋为路人提供服务,这个区域剩余的部分被用来提供露天服务。第二个重要的区域是外侧新拓宽的步行区。其余两个区域是较窄的带形区,用以设置景观、照明和街头家具。此外,在新老人行道之间又种了一排行道树,作为原有沿街行道树的补充。

经过 300 多年的演变,香榭丽舍大街商业、旅游与街道景观之间完美结合,成为法国最具景观效应和人文内涵的大道。

实例 14　联合国教科文组织总部庭园(Gardens for UNESCO,1956—1958 年)
设计:[美]野口勇(Isamu Noguchi)①

联合国教科文组织总部庭园位于联合国教科文组织(UNESCO)巴黎总部,面积约 2 000 平方米,是一个用土、石、水、木塑造的庭园景观,由位置高些的供代表休息的内院石园和下沉的日本风格庭园两部分组成。

庭园鸟瞰

石园平坦的地面由大块石头铺设而成,其上成组布置成方、圆形石凳和置石。石园的视线中心是一块像碑一样立着的石块,上面刻有书法般的凹线,水从其中流出跌入矩形池中,再通过几级跌水流向下沉的日本园。园中置石、水池中的汀步、石灯笼、小石板桥和一些植物,都是设计师在日本精心挑选运到巴黎的。日本园从平面上看就像一幅由草坪、砂、石块、地形、光影组成的抽象图案,总体呈现的是一种明快的现代风格。园中的众多置石也没有按日本传统布置,

①野口勇(1904—1988),是艺术家涉足景观设计的先驱之一。他探索了景观与雕塑结合的可能性,发展了环境设计的形式语汇。其他代表作品有:查斯·曼哈顿银行(Chase Manhattan Bank)庭院、"加利福尼亚情节"(California Scenario)庭院、耶鲁大学贝尼克珍藏书图书馆(Beinecke Book and Manuscript Library)庭院等。

而是雕塑家极少主义原则的体现。

野口勇将他推崇的流畅曲线贯穿于整个设计,并将雕塑元素在庭园中做了充分的展示。尽管庭园在一些细部处理和风格上明显沿袭日本传统,但整体的构图和对置石的处理仍带有身为雕塑家的设计师自身的审美情趣。

日本园一角

石桥

庭园水池

实例 15 雪铁龙公园(Andre Citroen Park,1992 年)

设计:[法]维加小组(Jean-Paul Viguier,Jean-Fran Cois Jodry and Alain Provost)

伯奇小组(Patrick Berger and Gilles Clement)

雪铁龙公园位于巴黎市西南角,濒临塞纳河,是 20 世纪 80 年代,政府决定在原雪铁龙工厂基础上建设的公园。公园占地 45 万平方米,北部有白色园、两座大型温室、六座小温室和六个系列花园,以及临近塞纳河的运动园等。南部包括黑色园、中心草坪、大水渠和水渠边 7 个小建筑。

公园以三组建筑来组织空间。建筑相互间有严谨的几何对位关系,它们共同限定了公园中心部分的空间,同时又构成了一些小的系列主题花园。第一组建筑是位于中心南部的 7 个混凝土立方体,设计者称之为"岩洞",它们等距地沿水渠布置。与这些岩洞相对应的是在公园北部,中心草坪的另一侧是由小桥相连的 7 个轻盈的方形玻璃小温室,它们是公园中的第二组建筑,在雨天也可以成为游人避雨的场所。第三组是公园东部的两个形象一致的玻璃大温室,体量高大,材料轻盈通透,是公园中的主体建筑。

公园中主要游览路是对角线方向的轴线,它把园子分为两个部分,又把园中各主要景点联系起来。公园中心的大草坪是周围居民户外活动的场所。草坪之南的大水渠向西延续到塞纳河边的岩石园区,东边是广玉兰树廊。水渠作为公园与园南办公楼的界线,同时也构成了东、西方向的主轴线。而公园北部 6 个系列园之间的跌水则组成了公园南北方向的辅轴线,跌水同时也分隔开这些系列花园。系列花园面积一致,均为长方形。每个小园通过一定的设计手法及植物材料的选择来体现一种金属和它的象征性的对应物。这些系列花园游人均可以进入,也可以在高处的小桥上鸟瞰。对角线西北方向的终点是运动园,其处理充满野趣。对角线的另一端是黑色园,其中心是方形的场地,周围是下沉式的庭院,植物选择多用深色叶的松树。公园东北角与黑色园相对应的是白色园,它除了形状上与黑色园相近外,处理手法则完全不同,其色彩浅淡,在白色园外围设置了儿童游戏场。

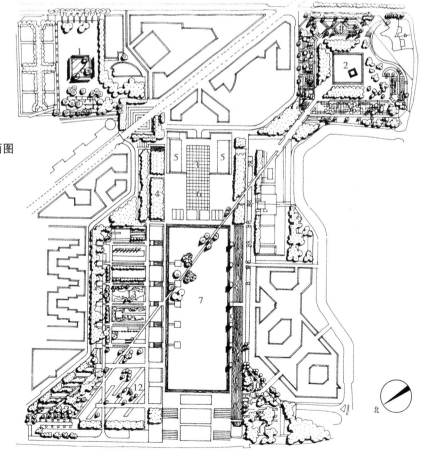

巴黎雪铁龙公园平面图

1. 白色园
2. 黑色园
3. 旱喷泉广场
4. 树林
5. 温室
6. 小广场
7. 大草坪
8. 大水渠与喷泉
9. 塔形构筑物
10. 变形园
11. 岩石园
12. 运动园
13. 系列庭园

北

雪铁龙公园的设计体现了严谨与变化、几何与自然的结合,它把传统园林中的一些要素用现代的设计手法重新展现出来,是典型的后现代主义设计思想的体现。

旱喷泉广场

公园游览路

大温室前的草坪

公园鸟瞰

实例 16 蒙太纳大街 50 号庭园(50 Avenue Montaigne Courtyard)

设计:[美]凡·沃肯伯格(Michael Van Valkenburgh)

该庭园位于巴黎中心区蒙太纳大街上一个 19 世纪店面和一幢现代化办公大楼之间,是一处供工作人员休息的内部空间。庭园形状不规整,其地面下是一个地下停车场。

庭园一景

入口平台

从建筑的玻璃门厅可以清晰地看到庭园。庭园入口为一从门厅伸向庭园的楔形不锈钢板平台,平台高度与门厅一致,伸向庭园后插入一缺角弓形不锈钢平台。两平台均较高,庭园其余部分稍低。庭园背景墙上爬满爬墙虎。庭园中设置了成排的狭长水渠。水渠尽端是 6 米高细长的空心柱,柱身用微凸的半透明不锈钢织网覆盖,水从柱顶落入水池,柱底端设有向上的射光灯。水渠之间种植成排的欧椴,树木间排列成树墙,隐喻为生命的屏风。在成排的树下设有长长的种植坛,种有蕨类或蔓长春花,其间摆放具有艺术风格的平背铜猫长凳。

庭园基地四周建筑凹凸没有规则,是建筑留下的破碎空间。设计师将这一凌乱的空间加上了线条秩序,创造出规整几何式的庭园。该设计从法国传统园林中借鉴了一些要素,并在此基础上融合了现代设计的明快、简练以及冲突形式,形成了一个可赏、可听、可闻、可谈且具有个性的庭园空间。

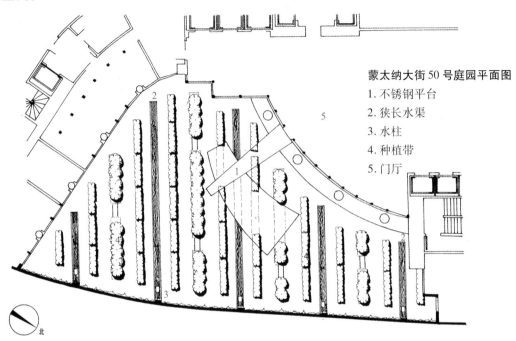

蒙太纳大街50号庭园平面图
1. 不锈钢平台
2. 狭长水渠
3. 水柱
4. 种植带
5. 门厅

2.3 英　国

实例1　汉普顿宫苑(Hampton Court Palace Garden,1515—1521年)

设计:[英]克里斯托弗·雷恩(Sir Cristopher Wren)[1]
　　　[英]乔治·伦敦(George London)[2]
　　　[英]斯蒂芬·斯威泽尔(Stephen Switzer)[3]

汉普顿宫苑位于伦敦西南约20千米处,坐落在泰晤士河的北岸,占地约810万平方米。汉普顿宫苑有"英国凡尔赛宫"之称,王宫完全依照都铎式风格兴建。

建成之初的汉普顿园由游乐园和实用园两部分组成。花园布置在府邸西南的一块三角地上,紧邻泰晤士河,由一系列花坛组成,十分精致。庄园的北边是林园,东边为菜园和果木园等实用园。庄园建成之后,经常用于在园中举行盛大的派对。1529年之后,庄园为亨利八世所

---

[1]克里斯托弗·雷恩(1632—1723),英国天文学家和著名的巴洛克风格建筑大师。他设计的建筑庄严、整齐、明澈,具有过分雕琢的巴洛克建筑风格,对英国和欧洲建筑影响很大。其他代表作品有:谢而登剧院、皇家海军学院、雷恩大厦等。
[2]乔治·伦敦(1640—1714),英国宫廷造园师,以巴洛克风格见长。
[3]斯蒂芬·斯威泽尔(1682—1745),英国造园师、造园理论家、作家。他的著作《贵族、绅士及造园家的娱乐》批评了园林过分规则式、人工化。

有。亨利八世扩大了宫殿前面花园的规模,修建了网球场,随后又在宴会厅与宫殿之间新建了秘园和池园。

整个秘园地势平坦,但设计者却利用高低错落、层次分明的绿篱、植墙、花坛和水池构成独立立体景观。现存的秘园是由十字形园路划分的四块整形的结园构成,十字形的中心是一个圆形喷泉,每一个结园通过低矮的绿篱形成各色图案,其中填补各种花卉。秘园本身是一个沉床园,这使得秘园周边形成两级高起的台层,最高台层与底层有将近2米的距离,高起的台层有助于构成对秘园很好的欣赏视角。

池园位于秘园的西端,是以水池为中心的两个沉床园,也是园中现存的最古老的庭院。其中,较大的池园只有一个位于北侧的入口,这个池园的主要观赏点就是从入口望过去。维纳斯雕塑是整个构图的核心,整个花园的花境塑造、雕塑的放置、植物壁龛设计皆围绕这个核心展开。西侧较小的池园在南北两侧各有一处出入口,另外,从花坛图案的布置来看,有的利用树篱做成迷宫,这是最早的游赏性迷宫。帕拉迪奥(Palladio)式宫殿的东面是以宫门为中心呈半圆形的喷泉花园,这是一个几何的园林构图,布置了绿毯、刺绣花坛、大树、小径,从中可以看出法国古典主义的几何审美观对该花园设计的影响。

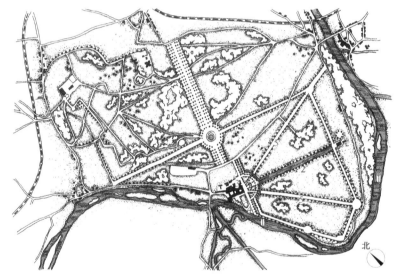

汉普顿宫苑平面图

1. 泰晤士河　　2. 运河　　3. 宫殿　　4. 池园和秘园　　5. 放射状林荫道

汉普顿宫苑鸟瞰

沉床花园

池园鸟瞰

宫殿

秘园鸟瞰

在查理二世和威廉三世时期,造园师相继营建了大运河、放射林荫道、半圆前庭模纹花坛以及13座喷泉,体现出明显的巴洛克风格特点。

汉普顿宫苑在英国造园史上具有划时代的意义。它杂糅了英国不同时期的建筑与造园风格,称得上是一座壮观而精美的大型皇家园林。

实例2　霍华德庄园(Castle Howard Gardens,1699—1712年)

设计:[英]约翰·范布勒(John Vanbrugh)①

　　[英]斯蒂芬·斯威泽尔(Stephen Switzer)②

　　[英]丹尼尔·加莱特(Daniel Garrett)③

霍华德庄园位于英格兰的北约克郡,为历代霍华德家族所拥有并居住。霍华德庄园开创了

---

①约翰·范布勒(1664—1726),英国建筑师、喜剧作家。他注重各种不同结构的韵律效果,使英国巴洛克式建筑达到了顶峰。其他代表作品有:布伦海姆宫。

②斯蒂芬·斯威泽尔(1682—1745),英国造园师、造园理论家、作家。他写的《贵族、绅士及造园家的娱乐》批评园林过分人工化,为规则式园林敲响丧钟。

③丹尼尔·加莱特,英国建筑师。其他代表作品有:卡洛登塔、拉比城堡等。

城堡建设的新时代,不仅在建筑上采用了晚期巴洛克风格,而且在造园样式上也表现出与古典主义分裂的迹象。

霍华德庄园面积约 2 000 万平方米,地形自然起伏,变化较大。全园以城堡为中心,修葺整齐的几何形灌木丛左右两列对称,与茂密的树木相接,城堡前为自然式湖泊。霍华德庄园在很多方面都显示出造园形式上的演变,其中以南花坛的变化最具代表性,在造园艺术史上的意义也更大。在巨大的府邸建筑前的草坪上,有数米高的植物方尖碑、拱架及黄杨造型组成的花坛群建于 1710 年;后来在花坛中央建造了一座壮观的"阿特拉斯"(Atlas)①喷泉。

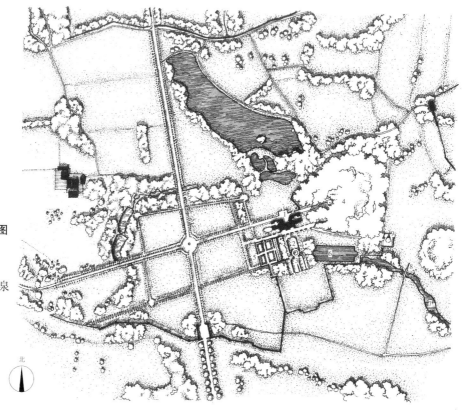

霍华德庄园平面图

1. 霍华德城堡
2. 南花坛
3. "阿特拉斯"喷泉
4. 树林
5. 几何式花坛
6. 人工湖
7. 河流
8. 罗马桥
9. "四风神"庙宇

"阿特拉斯"喷泉

北眺城堡

---

①希腊神话里的擎天神,被宙斯降罪来用双肩支撑苍天。

霍华德城堡鸟瞰

罗马桥

南花坛

"四风神"庙宇

斯威泽尔在府邸的东面设置了带状小树林,成为"放射性丛林",由流线型园路和绿荫小径组成的路网伸向林间空地,其中布置了环形廊架、喷泉和瀑布等,后人将这个丛林看作是英国风景造园史上具有决定意义的转变。他又在府邸的南边开辟出一处弧形的"散步平台",从中引申出几条壮观的透视线。并在台地的下方开挖了一处人工湖,从湖中引出一条河流,并沿着几座雕塑一直流到"四风神"(Four Winds)①庙宇前。在向南的山谷中有座加莱特建造的"罗马式桥梁"。

霍华德庄园是17世纪末规则式园林向风景式园林演变的代表性作品,造园家们反对单调的园路构成贫乏而僵硬的轴线,转而寻求空间的丰富性;远离法式造园的准则,寻求更加灵活自由却又不失章法的园林样式。这一转变在造园史上具有重要意义。

实例3 斯陀园(Stowe,1713—1780年)

设计:[英]查尔斯·布里奇曼(Charles Bridge-man),威廉·肯特(Kent),

兰斯勒特·布朗(Lancelot. Brown)

斯陀园位于白金汉郡(Buckinghamshire)的奥尔德河(River Alder)上游,北面是惠特尔伍德森林(Whittlewood Forest)的中段。奥尔德峡谷两侧构成了花园的南端,地形起伏较大。

斯陀园现存景区可以分为东西两大部分。两个景区的分界线是位于园内府邸的中轴线。布里奇曼按照中轴线,由北至南设计了两个沿轴线对称的长方形花坛,一个扁椭圆形水池、一对

---

①古希腊神话中四大风神的统称,包括北风神玻瑞阿斯、南风神诺托斯、东风神欧洛斯和西风神仄费洛斯。

对称设置的细长形水池、林荫大道、一个规则宏大的八角形水池。由于府邸地势较高,每一段设计之间都有若干级台阶相连,使其通过层层台地将这一中心景区布置得连贯、开阔和统一。

布里奇曼在西面景区设计上采取了宏观自由、微观规则的手法。这是他的一个创举,即尝试着将规则式园林与自然融合。这一景区分为维纳斯花园和家庭公园(Home Park)两大部分。在此处修建了圆形大厅、维纳斯庙、金字塔、方尖碑和"十一亩湖"(Eleven Acre Lake)等景物。在这一景区的尽端是布里奇曼布置的隐垣①,使人的视线得以延伸到园外的风景之中。

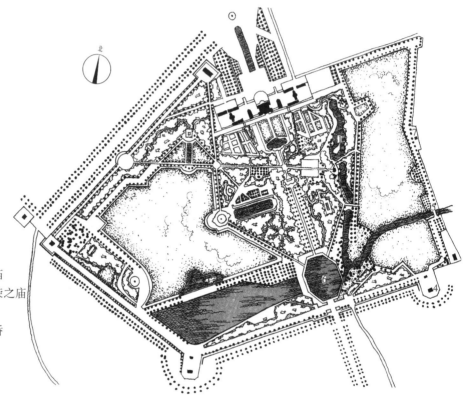

斯陀园平面图
1. 斯狄克斯河
2. 古代道德之庙
3. 英国贵族光荣之庙
4. 友谊之庙
5. 帕拉迪奥式桥
6. 八边形水池
7. 哥特式庙宇

帕拉迪奥式桥

英国贵族光荣之庙

东面景区主要由爱丽舍园(Elysian Field)、霍克韦尔园(Hawkweell Field)和希腊谷(Gre-

---

①英国自然风景园常用干沟式的"隐垣"(ha-ha)作为边界,远处看不见园墙,园景与周围环境连成一片。

cianValley)三部分组成。爱丽舍园位于中轴线的东侧,由肯特1735年主持设计。肯特在这块倒三角形园区的东侧设计了一条三段式的带状小河,河畔有一些精美的建筑。这片园区地势起伏较大,在其间建有多座各具特色的神庙,其中有仿古罗马西比勒(Sibylle)庙宇的"古代道德之庙"。紧邻爱丽舍园的东侧,大约在1740年肯特将这块250多平方米的倒三角形区域辟为霍克韦尔园。它与西面景区的家庭公园相对,在起伏的地势上主要以草地为主。在它北面三角形园地的顶角处,建有一座女士庙(Ladies Temple),而在它的最南端则建有一座友谊殿(Temple of Friendship)。这座纪念性建筑完全借鉴风景画中的造型,之后更成为风景园的象征。希腊谷位于

古代道德之庙

爱丽舍园

爱丽舍园和霍克韦尔园的北侧,即斯陀园的东北角,是一种类似盆地的开阔牧场风光。布朗在希腊谷的建造中起到重要作用。

斯陀园是英国自然风景式园林的一个杰作,是首先冲破规则式园林框框走上自然风景式园林道路的一个典型实例。

实例4 丘园(Kew Garden,1761年)

设计:[英]威廉·钱伯斯(William Chambers)①

丘园原是为乔治三世母亲建造的一个别墅园,位于伦敦西南部的泰晤士河南岸,18世纪中叶以后得到了发展。

钱伯斯首次运用所谓"中国式"的手法,建造了一座10层中国宝塔,提供了一个很高的观

---

①威廉·钱伯斯(1726—1796),英国皇家建筑师,是在欧洲传播中国造园艺术的最有影响力的人之一。他两度游历中国,回国后著《东方造园艺术泛论》,盛谈中国园林并以很高的热情向英国介绍了中国的建筑和造园艺术。

水池南岸的石狮子

赏点,登塔眺望,全园景色尽收眼底;宝塔以南京大报恩寺琉璃塔为蓝本,起到了造山的作用,并保存至今。后来又建造了一座中国式的孔庙。此外,一个模仿古罗马拱门的废墟和一些希腊神庙等点景物也被置于园中,增加这些构筑物,是钱伯斯浪漫主义的表现,当时遭到一些人的反对。值得一提的是,此园引进美国松柏、蔓生类植物和其他外国林木,园东部水池前建有棕榈树温室。温室别具一格、气势宏伟,用的材料是钢框玻璃,中央最高处达11米,长度达130米,总面积近4 300平方米。至19世纪,该园成为闻名欧洲、世界知名的植物园。

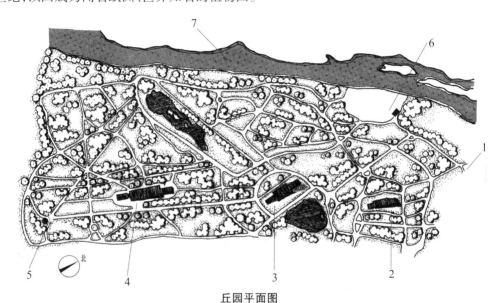

丘园平面图

1. 主入口　2. 睡莲温室　3. 棕榈温室　4. 温带植物温室　5. 中国塔　6. 邱宫　7. 泰晤士河

园中的树木配置

温室旁的自然式水池

中国塔

温室内景

　　钱伯斯的园林设计充满了野趣、荒凉、情调忧郁式的画意,人们将这种园林称为感伤主义园林或英中式园林。时至今日,丘园集科学研究、学习教育和市民休闲于一体。它既是进行植物科研和科普教育的重要基地,又成为伦敦城里著名的游览胜地。

实例5　布伦海姆风景园(Park of Blenheim Palace,1764年)

设计:[英]兰斯勒特·布朗(Lancelot Brown)①

　　布伦海姆宫坐落在英格兰牛津郡德斯托克。该宫原先的布局是由汉瑞·瓦尔斯和约翰·凡布鲁爵士合作设计。从平面中可以看到平坦的地形和占有主要地位的古典主义对称形式,设计的重心是通向纪念性柱廊的宽阔大道。凡布鲁大桥横跨在一条废弃的峡谷之上,湖泊设计成静水,并且分成几个。

　　布朗的园林改造保留了原有的几何形式,但在侧重点上作了微妙的改变,使自然式在园中占据了主导地位。他重新塑造了部分花坛的地形并铺植了大面积的草坪,微微起伏的草地上点缀着或丛植或孤植的树木,草地一直延伸到巴洛克式宫殿面前,体现了他的"草地铺到门口"的惯例。布朗又对桥梁所在的河段加以改造,获得了令人惊奇的效果。布朗只保留了现在称为"伊丽莎白岛"(Elizabeth's Island)的凸出的一小块地,取消了两条通道,在桥的西面建了一条堤坝,拦蓄水位,从而形成壮阔的水面。原来的地形被水淹没,出现了两处自然弯曲的湖泊,汇合于桥下。由于水面一直达到桥墩以上,因而使桥梁失去了原有的高大感,与扩大了的水面的比例趋向协调。自然形态的湖泊、曲线流畅的驳岸、岸边蛇形的园路、视野开阔的缓坡草地以及自然种植的树木,布朗成功地将布伦海姆大部分的规则式花园改造成了全新的自然风景式园

①兰斯勒特·布朗(1715—1783),英国皇家造园师,被称为"万能的造园师"。布朗较少追求风景园的象征性,而是追求广阔的风景构图,以自然要素直接产生情感效果,宏大、庄严、简洁、开阔、明朗是布朗式园林的主要风格。其他代表作品有:斯陀园(Stowe)、查兹沃斯风景园(Chatsworth Park)等。

林。从此,英国掀起了一股改造规则式园林的热潮。

布伦海姆风景园是布朗艺术顶峰时的作品,是他根据现有园地进行创作的佳例,全面体现了布朗式园林的造园特色,成为他最有影响的作品之一。

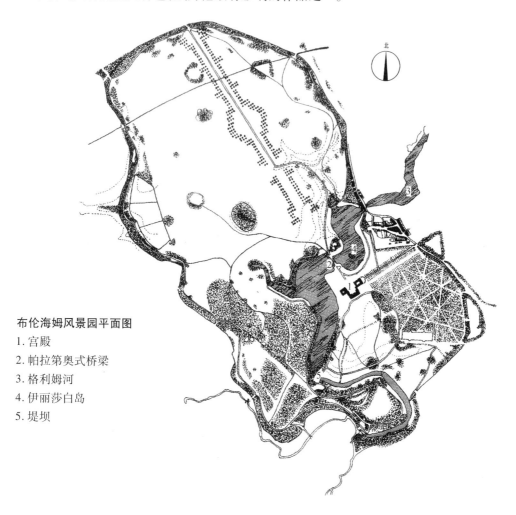

布伦海姆风景园平面图

1. 宫殿
2. 帕拉第奥式桥梁
3. 格利姆河
4. 伊丽莎白岛
5. 堤坝

布伦海姆风景园鸟瞰

宫殿前的水池、模纹花坛、雕像及喷泉

桥与湖泊

伊丽莎白岛

实例6　摄政王公园(Regent's Park,1811—1835 年)

设计:[英] 约翰·纳什(John Nash)①

摄政王公园位于伦敦西区,占地约202 万平方米。16 世纪时,这里是英皇亨利八世的皇家狩猎森林。19 世纪初由纳什计划在这里为摄政王设计建造乡村别墅和花园景观,公园因此而得名。公园于1838 年向公众开放,内中有若干园中之园。

摄政王公园平面图
1. 划船湖
2. 玫瑰园

北

---

①约翰·纳什(1752—1835),英国建筑师。他将英国本土风景画派的审美观念移植到建筑创作中,这种地域主义的观念对反古典主义中心化的前期现代主义萌芽带来了新的思路,对后世产生了很大影响。其他代表作品有:皇家穹顶宫、白金汉宫等。

公园大门

划船湖

内环花园

玫瑰园

疏林草地

园内凉亭

摄政王公园设计别具一格,大致呈圆形,其基本空间架构由两条环路组成:靠近公园外围的外环和中心部分的内环,两条主环路和两条支路是公园里唯一可通车的道路。摄政运河流经公园的北缘,而东、西、南三面的外环两边则排列着纳什设计的白色排屋。外环和内环之间主要是开阔的绿地,水边种植杨柳,以及各种景观设施,包括花园、湖泊、水鸟、划船区、球场和儿童乐园。内环内是公园的核心,由许多花丛式花坛组成,为600至700平方米;四周是按照纳什规划建造的几栋别墅,东南角则有意大利风格的花园。

公园内环的玫瑰园——"玛丽皇后园"(Queen Mary's Garden)是摄政王公园里最吸引人的景观之一,共种植了3万多株、400多种珍品玫瑰。这里每一个花坛丛植一种玫瑰;其次一层是绿草坪;第三层是由一圈高柱围成,柱距六七米,以粗缆绳相连,高柱和缆绳被蔓生攀缘玫瑰、月季、蔷薇等覆盖。在高柱之间,草坪之上,攀缘玫瑰之下,设有许多可供游人坐卧的大靠背椅。

摄政王公园总体呈现出纯净的自然风景式的园林风格,局部布置意大利及法式造园要素,如笔直的林荫道、大理石雕像和规则绿篱等,与大弧形园路、蜿蜒的小径和疏林草地相辅相成,反映出当时折衷主义园林风格的盛行。

实例7 伯肯海德公园(Hyde Park,1847 年)

设计:[英]约瑟夫·帕克斯顿(Joseph Paxton)[①]

伯肯海德公园是英国兴建最早的,也是世界园林史上的第一个真正意义上的城市公园,占地面积约50万平方米。

公园内人车分流是帕克斯顿最重要的设计思想之一。公园由一条城市道路(马车道)横穿,方格化的城市道路模式被打破,同时方便了该城区与中心城区的联系。蜿蜒的马车道构成了公园内部主环路,沿线景观开合有致、丰富多彩。步行系统则步移景异,在草地、山坡、林间或湖边穿梭。四周住宅面向公园,但由外部的城市道路提供住宅出入口。

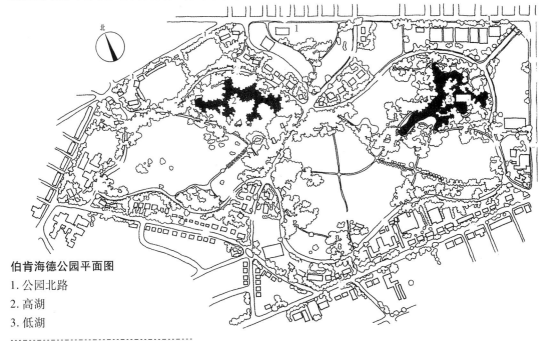

伯肯海德公园平面图

1. 公园北路
2. 高湖
3. 低湖

[①]约瑟夫·帕克斯顿(1803—1865),英国著名的园丁、作家和建筑工程师,是著名建筑英国伦敦水晶宫的设计师。

公园主入口

公园北部的人工湖

园内建筑

疏林草地

公园水面按地形条件分为"上湖"和"下湖",水面自然曲折。开挖水面的土方在周围堆成山坡地形。湖心岛为游人提供了更为私密、安静的空间环境。公园绿化以疏林草地为主,高大乔木主要布局于湖区及马车道沿线,公园中央为大面积的开敞草地。公园内的建筑采用地方材料,建筑风格为"木构简屋"(Compendium Cottage)。

1878—1947 年,伯肯海德公园经历了多次维修,却一直保留着原有的规划格局。它不仅具有历史文物价值,而且其美学价值、社会价值和环境价值,对于今天的城市建设仍然具有借鉴意义。

实例 8　詹克斯私家花园(Private Garden,1990 年)

设计:[英]查尔斯·詹克斯(Charles Jencks)①,玛吉·克斯维科(Maggie Keswick)②

位于苏格兰西南部 Dumfriesshire 的詹克斯私家花园是一个极富浪漫色彩的作品,这个花园以深奥玄妙的设计思想和艺术化的地形处理而著称。

詹克斯夫妇在设计中采用了许多曲线,它们来自自然界的一些动物,如蛇、蠕虫、蜗牛以及虚幻的神灵——龙。波浪线是花园中占主导地位的母体,土地、水和其他园林要素都在波动,詹克斯甚至将这个花园称为"波动的景观"。

---

①当代重要的建筑评论家、作家和园林设计师。20 世纪 70 年代,他最先提出和阐释了后现代建筑的概念,并且将这一理论扩展到了整个艺术界,形成了广泛而深远的影响,为后现代艺术开辟了新的空间。

②詹克斯的夫人,园林设计师和历史学家。她于 1978 年出版的《中国园林——历史、艺术与建筑》(The Chinese Garden: History, Art and Architecture)一书,成为西方研究中国古典园林为数不多的权威性专著之一。

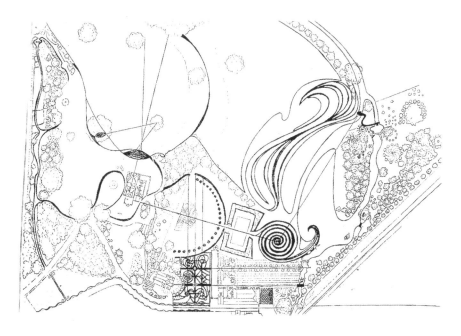

詹克斯私家花园平面图

对称休息平台

花园中的桥

　　花园始于住宅的餐室"龙舞屋"（Dragon Dance Room）之外，屋内的天花板有着不断变化的叠合和波动的纹样，它构成花园主轴线的一端。另一端是整个花园景观最突出的部分——覆盖着草地的小山和水面。这里曾经是一块沼泽地，克斯维科改造了地形，并从附近的小河引来了活水，创造了良好的景观环境，也改善了这块地的风水。绿草覆盖的螺旋状小山和反转扭曲的土丘构成花园视觉的基调，水面随地形而弯曲，形成两个半月形的池塘，两个水面合起来恰似一只蝴蝶。蝴蝶是詹克斯所喜欢的自然界中自我不断改变的象征。

由两种当地石块筑成的"巨龙 Ha Ha"（Giant Dragon Ha Ha）蜿蜒在花园中,两种颜色的石块在立面构成斜向的条纹,仿佛地质变迁中形成的断裂的岩层,一直可延续到草地下面的深处。这使得整个 Ha Ha 不仅在水平方向,而且在垂直方向都像是一条扭动的巨龙。位于 Ha Ha 的凹入处的"对称休息平台"（Symmetry Break Terrace）上有草地的条纹图案,代表着自宇宙产生以来的四种"跃迁":能量、物质、生命和意识。花园中还规划了一系列小园,有一些带有中国园林的趣味。

该花园是詹克斯和克斯维科的形态生成理论、混沌理论、宇源建筑和风水思想的综合体现,并以此为指导进行设计,贯穿始终,产生了富有诗意的独特的视觉效果。

螺旋状小山

磨光的铝和草皮组成的梯田

2.4 西班牙

实例1 阿尔罕布拉宫苑（Alhambra Palace,公元 1238—1358 年）

阿尔罕布拉宫苑位于阿尔罕布拉和毛洛尔山谷之间的最低台地上,13 世纪中叶由伊布·拉·马东兴建,到14 世纪中叶由约瑟夫·阿布尔·哈吉完成。宫苑由几个院落组成,其中最重要的是南北向的桃金娘中庭（Court of the Myrtle Trees）和东西向的狮子院（Court of Lions）,其余的小院簇拥在它们左右。

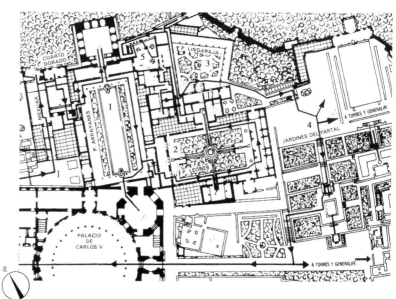

阿尔罕布拉宫宛平面图
1. 桃金娘庭院
2. 狮子院
3. 林达拉杰花园
4. 帕托花园
5. 柏树庭院

　　桃金娘中庭 45 米 ×25 米,是靠近宫殿入口的主要空间,也是外交和政治活动的中心。中央一长条水池纵贯全院,水池两侧种植桃金娘树篱,两端各有一个白色大理石喷泉盆。院的四周由纤细的白色大理石柱廊围合,建筑倒影水池之中,形成恬静的庭园气氛。狮子院作为内院位于桃金娘中庭东侧,面积 30 米 ×18 米。院中细长的十字形水渠将全园分为四个部分,水也沿水渠伸入到四面建筑之内。在水渠端头设有圆盘水池喷泉,可使室内降温清凉。狮子院周边有灵巧的柱廊,124 棵细弱的白色大理石柱支撑着马蹄券,墙上布满精雕细镂的石膏雕饰。在院的中央,立一近似圆形的 12 边形水池喷泉,下为 12 个精细石狮雕像,水从喷泉流下连通十字形水渠。此石狮喷泉成为庭院的视线焦点,形成高潮,故此院名为狮子院。原院中种有花木,后改为砂砾铺面,更加突出石狮喷泉。

阿尔罕布拉宫鸟瞰

桃金娘庭院

帕托花园

狮子院

林达拉杰花园

实例2 埃斯库里阿尔宫庭园
(Gardens of the Escorial Palace,1563—1584 年)

埃斯库里阿尔宫庭园位于马德里西北48千米处。该宫平面整体呈方形,简洁大方,设计严谨。从西门正中进入,院南是修道院,院北是神学院和大学,往北正中央是教堂,教堂地下室为陵墓,北部突出部分是皇帝的居所。由于它的庄严雄伟,轰动了当时欧洲宫廷。

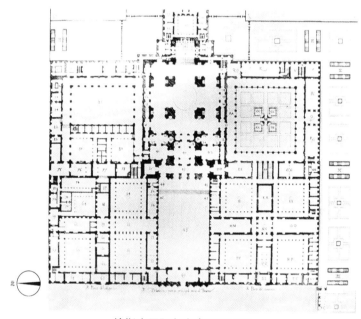

埃斯库里阿尔宫庭园平面图

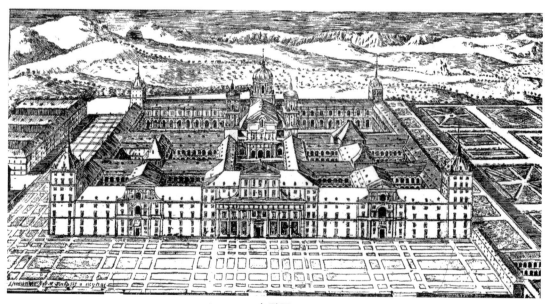

鸟瞰图

埃斯库里阿尔宫外景

花坛

教堂南庭园

东面台地小花园

教堂南面采用的是西班牙帕蒂奥(Patio)①庭园形式,围合感强。八角形的圣灵亭祭坛在封闭庭院中占据了中心位置,外围有四个方形水池,之间还有四个雕像,它代表新约四个传播福音的教士,水池的周围是花坛。

东面台地小花园位于皇帝居所的突出部分外围,按地形高低作成台地绿化,铺成有规范形态的黄杨绿篱组成图案,有如立体的绿毯,十分严整。

在宫殿南侧布置有水池,建筑前种植有成片的花木绿地,建筑与绿化倒映池中,显得非常简洁活泼。

实例3 拉·格兰贾宫苑(Garden of La Granja Palace,1720年)

设计:[法]卡尔蒂埃,布特赖

拉·格兰贾宫苑位于马德里西北部的一座海拔逾1 200米处的山地上,总占地面积约146万平方米,是西班牙最宏伟和最豪华的皇家园林之一。这片皇家领地的历史可以上溯到1450年,园址景色十分优美,是历代国王建造宫殿的理想之地。

园址地形是东南和西南较高,形成向东北方向急剧下降的阴坡。园林的主体部分构图十分

①西班牙伊斯兰式庭院的一种。

拉·格兰贾宫苑平面图

1. 宫殿广场
2. 阶梯式瀑布与花坛
3. "狄安娜浴场"泉池
4. 信息女神喷泉
5. 信息女神花坛
6. 希腊三贤泉池
7. 授予亭
8. 八叉园路
9. 龙泉池
10. 拉通娜泉池
11. 浅水盘泉池
12. 王后泉池
13. 花瓶泉池
14. 安德罗迈德泉池
15. 迷园
16. 花卉园
17. 塞尔瓦水池
18. 水库
19. 古隐居所
20. 主入口

简洁,中轴线上是一座大理石铺砌的阶梯式瀑布,镶嵌着造型优美的双贝壳型喷泉,瀑布下方有半圆形水池,将平地上的花坛一分为二。山坡上的称为"狄安娜浴场"的泉池中有水流出,并在山坡上形成一系列喷泉和小瀑布,随后流入半圆形水池。

从园林的平面设计上,似乎很难想象出来园址原是一片地形起伏巨大的山地。比如边长200米的星形丛林中央,有座名为"奥科卡尔(Ocho Calles)"的圆形广场,半径逾40米,由于斜坡的原因而显得缺乏稳定感。由于园中的丛林大多距离宫殿不远,最近的离窗户仅约有20米,并且宫殿坐落在较低的台层上,因此宫中的视线十分闭塞。从宫殿以及与其平行的一系列台地中,引申出宫苑的 3 条主轴线,也使得全园在整体上难以获得统一的效果。

宫苑内的台地

园中喷泉的处理尤其精湛,喷水形成的景致富有变化与动感。在各个花园中共有 26 座宏伟壮丽的泉池,都带有梦幻般的喷水,并以神话人物和故事作为各个泉池的主题。宫苑中大量的水景处理手法,是西班牙传统造园风格的反映。

阶梯式瀑布

宫殿及宫殿前的花园

实例 4 居埃尔公园(Park Güell,1900—1914 年)

设计:[西班牙] 安东尼奥·高迪·科尔内特(Antonio Gaudíi Cornet)[①]

居埃尔公园位于巴塞罗那市区北郊,占地约 17 万平方米,集建筑、雕塑、自然园林环境于一身。公园入口处是高迪设计的门卫和办公用的两座小楼。主入口向里是一座造型别致的大台阶,台阶中间是成为公园标志的彩瓷龙。拾阶而上可到达由 86 根古典式柱子撑起的"百柱厅",大厅后接一座古希腊式的剧场。继续沿大台阶上行可至多柱大厅屋顶的平台。平台广阔,长宽各 30 多米,周围设有矮墙和座椅,可供游人休憩、聚会、散步和跳舞。从平台向上的道

---

① 安东尼奥·高迪·科尔内特(1852—1926),西班牙天才的建筑大师。高迪在创作中重视装饰效果和手工技术的运用,他的作品是一系列复杂的、丰富的文化现象的产物,他利用装饰线条的流动表达对自由和自然的向往。其他代表作品有:圣家族大教堂、米拉公寓、居埃尔庄园、卡尔韦特公寓等。

路连接着藤架和园中更高、更宽阔的地带。耶稣受难地(Calvary)①位于公园最高处,从这里可以观赏公园全貌,同时也可俯瞰城市的全貌和海景。该公园的具体设计特点是:

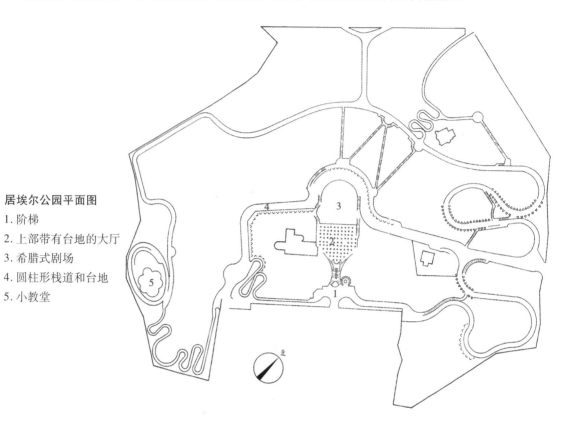

居埃尔公园平面图

1. 阶梯
2. 上部带有台地的大厅
3. 希腊式剧场
4. 圆柱形栈道和台地
5. 小教堂

公园东面石柱廊台

百柱厅近景

阶梯

1) 自然风景式的总体格局

围绕中心主体建筑,在四周布置自由环形曲路,曲路旁有不同的山林洞穴景观,可供观赏休闲。

---

①加泰兰文,意为礼拜堂。

建筑屋顶

公园鸟瞰

2) 利用地形,创造变幻的立体空间

主体建筑依坡而建,其屋顶与上层台地相连;从东门进入高迪博物馆区,利用高差布置柱廊洞穴,在不同标高的露台面上可看到立体的空间景色。

3) 鲜明的设计风格

公园里的所有建筑都反映着高迪特有的风格。它们的体形扭曲多变,屋顶上有许多奇怪的突起物和尖塔,围墙、长凳、柱廊和绚丽的马赛克镶嵌装饰给人以光怪陆离、神奇怪诞的印象。

4) 建筑与自然融为一体

采用棕榈树、丛林、攀援植物与建筑相衬。洞穴石柱等其他石材的色彩都同自然的绿色相平衡,十分协调,形成一体。

5) 体现园林植物的自然美

在设计上突出自然地形特色的同时,合理地利用了本地植被,如公园上部区域种有松树、橄榄树,还种植女贞、长豆角树、长角果等;此外还有豆荚树、橡树、桉树、橄榄树以及攀缘植物九重葛、紫藤等170多种植物。原有的本地植被与后来栽植的用于装饰建筑物的植物混合生长,使人工与自然的界限变得柔和。

实例5 巴塞罗那博览会德国馆(Barcelona Pavilion,1929年)

设计:[德]密斯·凡德罗(Mies van der Rohe)①

该馆是密斯·凡德罗流动空间概念的代表作之一,充分体现了建筑空间与景观的紧密结合。展览馆所占地段长约50米,宽约25米,建在一个石砌平台上。它是由一个主厅和两间附属用房所组成,平面布置简洁明快,空间组织流畅有序。两部分的平面相对独立,两者之间由一条纵向的大理石墙面联系成整体。在入口前面的平台上有一个大水池,大厅后院有一个小水池。

建筑隔墙有大理石的和玻璃的两种。墙的布置灵活而且似乎很偶然,它们纵横交错,有的延伸出去成为院墙。主厅后面的水院是流动空间处理的高潮,院墙一角有雕刻家乔治·柯尔贝

---

①密斯·凡德罗(1886—1969),著名的现代主义建筑大师之一。1928年,他提出了"少就是多"的建筑处理原则,提倡纯净、简洁的建筑表现。其他代表作品有:伊利诺斯工学院建筑系馆(Crown Hall)、范斯沃斯住宅(Farnsworth House)、西格拉姆大厦(Seagram Building,New York)、西柏林新国家美术馆(New National Gallery,West Berlin)等。

（George Kolbe）所作的少女雕像。它将内外空间很好地融接起来，创造了一个生动有趣的视觉焦点，同时它又引导了人们行进路线的回转。雕像所对的狭长空间，配合着入口处那片伸展进室内的淡黄色实墙，将人们的视线收拢拉回，并指向远处独立布置的附属厅。虽然整个建筑面积很小，但平面布置自由活泼，室内各部分之间、室内与室外之间相互穿插、融合，没有明确的分界，形成奇妙的流通空间，以引导人流，使人在行进中感受到丰富的空间变化。特殊的是这个展览建筑除了建筑本身和几处桌椅外，没有其他陈列品，实际上是一座供人参观的亭榭。

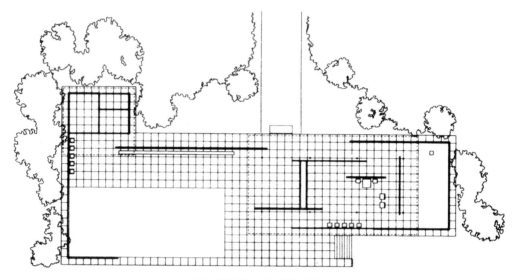

巴塞罗那博览会德国馆平面图

德国馆在建成后三个月就随着博览会的闭幕而被拆除。虽然存在的时间不久，但是对现代建筑及景观产生了巨大的影响。

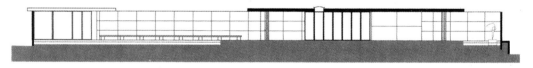

巴塞罗那博览会德国馆剖面图

大理石墙

从室内通往室外水池

水院

外立面

实例 6　北站公园(Parc De L'Estacio del Nord,1991 年)

设计:[西班牙]阿瑞欧拉(Andreu Arriola),弗尔(Carme Fiol)

　　[美]贝弗莉·佩伯(Beverly Pepper)

　　位于巴塞罗那市拿波尔斯和阿莫加夫斯大街之间的城市火车北站,由于地铁建设而废弃,后为迎接 1992 年的奥运会被规划为公园用地。由建筑师与艺术家合作设计,通过三件大尺度的大地艺术作品为城市创造了一个艺术化的空间——北站公园。公园内原地形高低不平,周边还有一些规整的土坡。

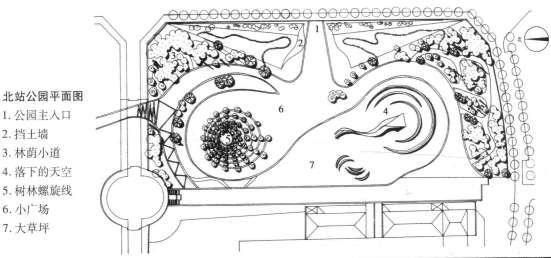

北站公园平面图

1. 公园主入口
2. 挡土墙
3. 林荫小道
4. 落下的天空
5. 树林螺旋线
6. 小广场
7. 大草坪

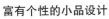

富有个性的小品设计

公园主入口

　　公园平面基本上是矩形,周围是城市道路和公共建筑。公园主入口东面是阿莫加夫斯大街,有两个次入口都设在公园西侧,靠北侧的入口与沙德尼亚桥相接,南侧的入口广场周围是一组传统建筑。公园空间是一种雕塑型空间,两个结合现状地形设计的景观——"落下的天空"(Fallen sky)和"树林螺旋线"(Wooded Spiral)占据了公园空阔的中央地带,分别成为南北两个空间的中心。公园东侧,面临阿莫加夫斯大街为土坡,整个南端和东北角成片种植了一些树木,林下铺设弯曲的步道。公园西侧,大草坪平坦,视线开阔,街对面是一组传统建筑和沙德尼亚桥。

公园沿阿莫加夫斯大街的大土坡在主入口处断开,两片高大扭曲的三角形挡土墙成公园入口的景框。墙面用专门烧制的不规则淡蓝色陶片拼成一幅抽象线条图。"落下的天空"也是一个大地陶艺作品。中心部分与一小山丘融为一体,长45米,南面最高处高达7.5米,成为公园最醒目的景物。四周稍平坦的草坡上设置了半弧形和月牙形两组线状陶艺品相呼应。这些作品表面均用与主入口一样的蓝色调陶片饰面。"树林螺旋线"位于公园的沙德尼亚桥入口南面,地势较低。陶片刻画出椭圆形螺旋线,沿螺旋线按放射状种植了一排排的欧椴。"树林螺旋线"与"落下的天空"两组景物在地形形体上形成一凹、一凸,呈现了一种互补与关联。

艺术家与设计师共同努力创造了北站公园,他们用最简单的内容成功地解决了基地与城市网格的矛盾,提供了公园的各种功能,成为当代城市设计中艺术与实用结合的成功范例。

树林螺旋线

落下的天空

2.5　德　国

实例1　无忧宫苑(Sans Souci Palace,1745年)

无忧宫苑位于波茨坦市北郊。无忧宫及其周围的园林是普鲁士国王腓特烈二世时期仿照法国凡尔赛宫式样建造的。整个园林占地290万平方米,坐落在一座沙丘上,故也有"沙丘上的宫殿"之称。

园林的主轴线是一条东西向的林荫大道,它始于园林入口,从宫殿前穿过,延伸到新宫(Neue Palais)。严谨的轴线上有喷泉、雕像,但是整座园林并不是中轴对称的。无忧宫前是六层平行的弓形台阶,两侧由规整的丛林烘托。宫殿前的下沉式大喷泉是由圆形花瓣石雕组成,四周用代表"火""水""土""空气"的4个圆形花坛陪衬,花坛内塑有神像,尤以维纳斯像和水星神像造型最为精美、生动。1754—1757年,园中建了一座六角凉亭,被称为中国茶亭。茶亭采用了中国传统的伞状圆形屋顶、上盖碧瓦、黄金圆柱落地支撑的建筑结构。亭内桌椅完全仿造东方式样制造。

鸟瞰图

弓形台阶

中国茶亭

大喷泉

无忧宫全部工程前后延续了约50年之久,集中了德国建筑与园林艺术的精华。

实例2　穆斯考尔公园(Muskau Park,1821—1845年)

设计:[德]赫尔曼·皮克勒·穆斯考

　　穆斯考尔公园也称穆扎科夫斯基公园,位于德国和波兰交界处的巴德·穆斯考小镇的尼斯河畔,属德国和波兰共有,占地700多万平方米。

　　这里原是一片含沙的沼泽地,土壤贫瘠。为建造公园,搬运了几万吨的泥土进行土壤改良,从尼斯河开引水渠,人工修建了很多自然式的小溪、小池塘、小瀑布等;又从其他地方移栽了大量的树木,以改善原有的单调针叶林景观。开阔起伏的大草坪,疏密有致的树丛,自然流淌的水系,蜿蜒曲折的细沙道路形成了该园的主要特征。穆斯考尔公园还非常讲究借景、框景等造园手法,站在园内可以观赏到尼斯河山谷内多变的景色及远处的山峦,通过稀疏的树木间隙可以看见一些别致的景色,如小桥、流水、亭子等。

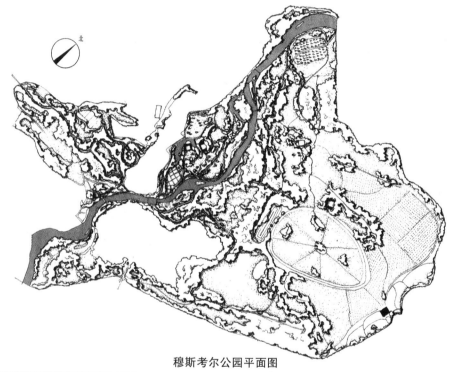

穆斯考尔公园平面图

公园内大草坪

临水宫殿

| 公园内道路 | 公园内景 |

公园的中心景观是位于德国境内占地 74 万平方米的宫苑。它是一座意大利风格的王宫,宫殿是其主体建筑,建于 1520—1530 年,是当时一位乡间贵族的府邸。宫殿由新王宫和老王宫两组建筑组成,三面临水,前面是大草坪,充满魅力。在宫殿周围还设计了花园,皮克勒称之为"愉快的领地"(Pleasure Ground)。在离宫殿稍远的地方有橘园、温室、大片风景式灌木丛和大草地,再外面又有菜园、果园、葡萄园和苗圃。

19 世纪的德国涌现出大批的自然风景园,而穆斯考尔公园就是其中的经典作品之一。

实例 3 杜伊斯堡风景公园(Duisburg North Landscape park,1990—1994 年)

设计:[德]彼德·拉兹(Peter Latz)[①]

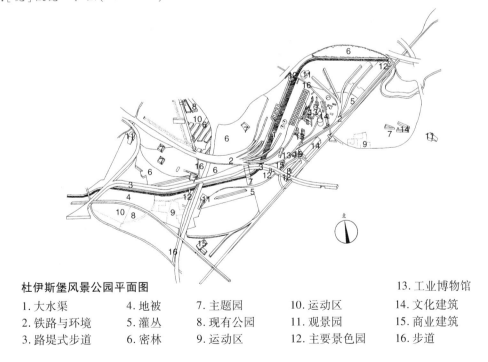

杜伊斯堡风景公园平面图

				13.工业博物馆
1. 大水渠	4. 地被	7. 主题园	10. 运动区	14. 文化建筑
2. 铁路与环境	5. 灌丛	8. 现有公园	11. 观景园	15. 商业建筑
3. 路堤式步道	6. 密林	9. 运动区	12. 主要景色园	16. 步道

----

①德国当代著名的景观设计师,他用生态主义的思想和特有的艺术语言进行设计,在当今景观设计领域产生了广泛的影响。其他代表作品有:国际建筑展埃姆舍公园(IBA Emscherpark)、港口岛公园(Buergpark Hafeninsel)等。

杜伊斯堡风景公园坐落于杜伊斯堡市北部,占地200万平方米,由一个废弃钢铁厂改建而成,是拉茨的代表作品之一。

　　出于对原有工业遗址的尊重,拉茨在设计中对原有场地尽量减少大幅度改动,对其加以适量补充,使改造后的公园所拥有的新结构和原有历史层面清晰明了。首先,工厂中的构筑物都予以保留,部分构筑物被赋予新的使用功能。其次,工厂中的植被均得以保留,荒草也任其自由生长。工厂中原有的废弃材料也得到尽可能的利用。第三,水可以循环利用,污水被处理,雨水被收集,引至工厂中原有的冷却槽和沉淀池,经澄清过滤后,流入埃姆舍河,达到了保护生态和美化景观的双重效果。在一个理性的框架体系中,拉茨将上述要素分成四个景观层:以水渠和储水池构成的水园、散步道系统、使用区以及铁路公园结合高架步道。这些自成系统,各自独立而连续地存在,只在某些特定点上用一些要素如坡道、台阶、平台和花园将它们连接起来,获得视觉、功能、象征上的联系。

不同主题的小花园

　　由于原有工厂设施复杂而庞大,为方便游人的使用与游览,公园用不同的色彩为不同的区域作了明确的标识:红色代表土地,灰色和锈色区域表示禁止进入的区域,蓝色表示开放区。公园以大量不同的方式提供了娱乐、体育和文化设施。

　　该设计体现了西方现代环境主义、生态恢复和城市更新等思潮,这在废旧工业设施如何进行生态恢复和再利用方面有着十分重大的意义和启示。

用作攀登与眺望的旧高炉

由高架铁路改造的步行系统

公园中炉渣铺装的林荫广场

实例 4 慕尼黑奥林匹克公园（Munich Olympic Park，1968—1972 年）

设计：[德]格茨梅克（Günther Grzimek）

慕尼黑奥林匹克公园位于慕尼黑北部，距市中心 4 千米，是 1972 年夏季奥运会举办的场地。整个公园由 33 个体育场馆组成，占地面积约 300 万平方米。整个公园由一片水面串连，水体北面是运动场馆，南面是绿地山体。其具体特点有：

1）土方就地平衡

设计以第二次世界大战轰炸后堆积的瓦砾为基础，结合开挖地铁与人工湖的土方构筑了奥林匹克山。奥林匹克山东西长约 900 米，南北最宽处约 450 米，最高点约 60 米，经过重新修整，使地形、坡度和环境符合奥运会建设需要，并且使公园和城市之间建立起强烈的视觉联系。这一决策减少了不必要的大型土地平整工作，节约了成本并降低了社会资源的浪费。

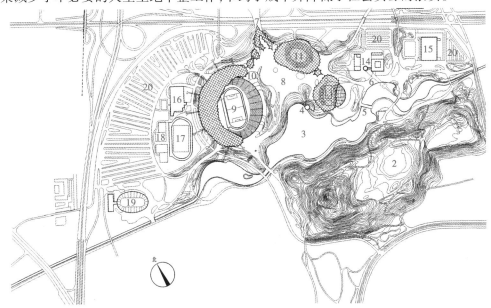

慕尼黑奥林匹克公园平面图

1. 奥林匹克山主峰	5. 滚水坝	9. 奥林匹克体育场	13. 奥林匹克游泳馆	17. 训练场
2. 台地	6. 星光大道	10. 体育场入口广场	14. 奥林匹克电视塔	18. 网球场
3. 人工湖	7. 人行天桥	11. 奥林匹克综合馆	15. 多功能馆	19. 自行车赛车场
4. 露天剧场	8. 广场	12. 奥林匹克小礼堂	16. 准备活动厅	20. 停车场

公园鸟瞰

人工湖

奥林匹克山轮廓

露天剧场与游泳馆

2) 交通组织

主体场馆位于中部，与公园入口通过平整的开敞空间直接相连，开敞空间又衔接体育设施入口，可连接不同宽度的路网。交通组织方向明确，机动车能直接到达湖边。路网交接圈出绿岛，作为大量交通的安全岛，既满足了大型活动期间的交通要求，又使道路具有了舒适度和多样性，满足了休憩需求。同时由于车行系统和步行系统在空间和时间上的分离，满足了空间的复合需求，同时保证了游憩安全。

山体绿化

3) 水体设计

在公园内顺着奥林匹克山的北麓紧嵌着坡脚开凿人工湖，以聚蓄这一带的雨水。人工湖面积为8.6万平方米，湖面东西长1 120米，南北最宽处223米，两端收束连接外河处，宽不过10米。为了减弱湖面形状过分狭长的感觉，利用滚水坝与平桥将湖面划分为大小不等、形态各异的4个水域。其中正对奥林匹克山主峰与奥林匹克体育场的中部水域最大，湖面十分开阔。北岸有一露天剧场，临水处设280平方米的圆形舞台，正对湖面的位置依地形设半圆型观众席台阶。人工湖在水面形状，水域尺度，桥、坝、岛的布列等方面与全园的地貌形势相协调，形成了不同于一般公园的独特风景。

4) 种植设计

园内种植方式以自然群落为主，奥林匹克山上种植了3 000多株树木和大片的草地，并选择低矮针叶树和矮灌木丛为主，从视觉上使山体显得高大。人工湖沿岸多种植银叶杨，以体现地方特色。大型停车场能容7 300多辆车，停车场上条状种植大型乔木欧叶栎和槭树，外形恰似优美的钢琴键盘。

该公园在选址、场地现状利用、水体等方面都有自身的特点，尤其在这些要素间相互协调，共同营造公园的整体景观方面十分出色。

2.6 荷 兰

实例1 赫特·洛宫苑(Gardens of Het Loo Palace)

设计:[荷]丹尼埃尔·马洛特

赫特·洛宫苑位于阿培尔顿(Apeldoorn)附近。始建于17世纪下半叶,当时是亲王的威廉三世在维吕渥(Veluwe)拥有一座猎苑,为了方便经常来此狩猎,亲王购置下猎苑附近名叫"赫特·洛"的地产,并在1684年兴建了一座供狩猎时下榻的行宫。

宫殿由正殿建筑和围合着庭园的两组侧翼组成,围绕着正殿形成4个庭园。宫殿前方有前庭,后有大花园;两侧各有一个侧翼围合的方形庭园,一侧称为"国王花园",另一侧称为"王后花园"。大约于1690年,又在宫殿的背后增建了一座花园,称"上层花园"。

最初的宫苑设计完全反映出17世纪的美学思想,以对称和均衡的原则统率全局。从前庭起,强烈的中轴线穿过宫殿和花园,一直延伸到上层花园顶端的柱廊以外,再经过数千米长的榆树林荫道,最终延伸到树林中的方尖碑上。壮观的中轴线将全园分为东西两部分,中轴两侧对称布置,甚至两边的细部处理都彼此呼应。

宫殿的前方是3条呈放射状的林荫大道,当中一条正对宫门。前庭布局十分简单,当中有圆形花坛和泉池。后花园四周是高台地和树篱围合的大型花园,当中是对称布置的方格形花坛,8块模纹花坛以当中4块的纹样最为精美,在园中格外引人注目。中央大道以及两侧甬道的交叉点上布置着造型各异的泉池,以希腊神话中的神像作主题。在中央大道的两侧还有小水渠,将水流输送到园中的各个水景点。

王后花园布置在宫殿的东侧,园内以方格网形的拱架绿廊围合花园,构成花园很强的私秘性特征。中央有座泉池和铅制镀金的"绿荫小屋"。

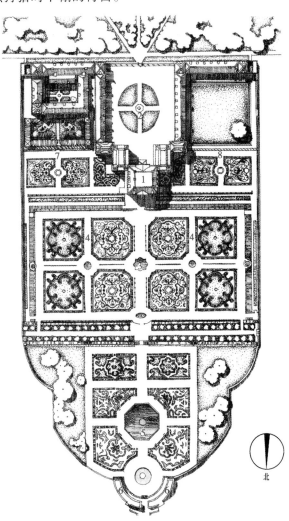

赫特·洛宫苑平面图

1. 宫殿   5. 国王泉池
2. 宫殿前庭   6. 花园顶端的柱廊
3. 维纳斯泉池   7. 王后花园
4. 大型模纹花坛   8. 国王花园

花园鸟瞰

对称布置的刺绣花坛

王后花园

维纳斯泉池

为威廉三世建造的国王花园布置在宫殿的西侧,沿着院墙种植修剪成绿篱的果树。当中是一对刺绣花坛,花卉以红、蓝两色为主,是荷兰王室的专用色彩,突出了作为亲王的宫苑特征。园中还有斜坡式草地,以及用低矮的黄杨篱围成的草坪滚球游戏场,附近还有一座迷园。

　　在上层花园中有方格形树丛植坛,当中一条大道一直伸向壮丽奢华的"国王泉池"。从平面呈八角形、直径 32 米的泉池中,喷出一股高约 13 米的巨大水柱,四周环绕着小型喷水柱,景象十分壮观,成为全园的视觉焦点。

　　上层花园中的喷泉,水源来自数千米之外的高地,再以陶土输水管引入园中;而下层花园中的水景,水源则来自林园中的一些池塘,清澈的水体,由于循环往复而涌动着气泡,即使在园中的泉池里,水泡也在不断上升,如地下泉水一般,使池水显得更加清澈凉爽。上层花园与下层花园的四周,均有挡墙及柱廊。在院墙之外的林园中,还有设置娱乐设施的小林园,如呈五角形构图的丛林、鸟笼丛林和迷宫丛林等。

实例2　舒乌伯格广场(Schouwburgplein,1996 年)
设计:[荷]高伊策(Adriaan Geuze)①

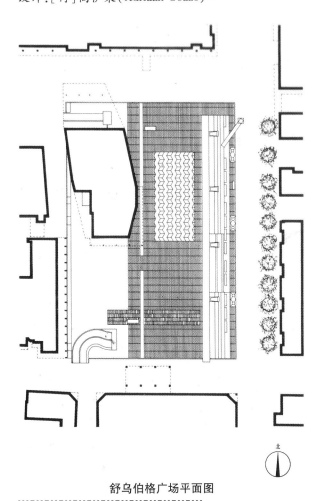

舒乌伯格广场平面图

广场铺装

灯杆

①荷兰景观设计师,其设计思想源于多种艺术思潮的影响和他对自然的独特理解。他的设计作品个性鲜明、风格多样,反映了荷兰景观的典型特征。其他代表作品有:东斯尔德大坝、乌特勒支 VSB 公司庭院、Carrasco 广场等。

　　舒乌伯格广场位于鹿特丹市中心,紧临火车站和战后第一个被规划为步行区的商业区——林巴恩(Lijnbahn)。现代的设计语言使其与四周的建筑有机结合,广场被用作周边文化机构的巨大休息厅。德杜伦(De Doelen)音乐厅位于广场北端,而舒乌伯格剧院则坐落在南端。商业及办公区置于广场东西两侧,广场中央最新建成的大型综合性影剧院容许广场空间从其下延伸过去。广场同时也是为那些驾车而来的人们准备的城市大型"门厅或舞台",人们能够直接从地下停车场穿过三角形的玻璃通道而到达广场。

广场上休憩的人们

广场街具

舒乌伯格广场鸟瞰

　　高伊策认为,新的设计语言的产生应该从材料的使用开始。在这里,高伊策使用一些超轻型的面层,以降低车库顶部的荷载。这些材料有木材、橡胶、金属和环氧基树脂等。它们分不同的区域、以不同的图案镶嵌在广场表面。各种材料展现在那里,不同的质感传递出丰富的环境气氛。广场的中心是一个打孔金属板和木板铺装的活动区,夜晚,白色、绿色和黑色的荧光从金属板下射出,形成了广场上神秘的、明亮的银河系。

广场上的木质铺装允许游客在上面雕刻名字和其他信息。高伊策认为,这样能使广场随着时间不断发展和自我改善。孩子们玩耍的花岗岩铺装区上有 120 个喷头,每当温度超过 22 ℃ 的时候就喷出不同的水柱。地下停车场的三个通风塔伸出地面 15 米。通风管外面是钢结构的框架,三个塔上各有时、分、秒的显示,形成了一个数字时钟。广场上 4 个红色的高 35 米的水压式灯每两小时改变一次形状。市民也可投币,操纵灯的悬臂。这些灯烘托着广场的海港气氛,并使广场成为鹿特丹港口的窗口。高伊策期望广场的气氛是互动式的,伴随着温度的变化、白天和黑夜的轮回,或者夏季和冬季的交替以及通过人们的幻想,广场的景观都在改变。

2.7　俄罗斯

实例 1　彼得堡夏宫花园(Gardens of Summer Palace,1704—1716 年)

彼得堡夏宫花园位于彼得堡市内涅瓦河畔,是彼得大帝亲自指挥,为自己建造的夏宫。彼得大帝请来法国造园家,负责花园的整体规划和设计,并邀请意大利雕塑家创作了大量的雕塑作品,使得夏宫花园从整体布局到局部景点的制作,都留下了法国和意大利园林影响的烙印。许多俄罗斯建筑师和园艺师也参与了宫苑的建设工作。

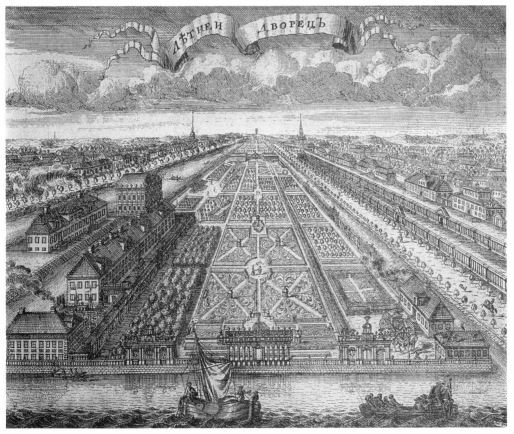

鸟瞰图

林荫道

夏宫花园最初的布局比较简单,以几何形林荫道及甬道,将园地划分成许多小方格,以中央的林荫道构成全园明确的中轴线。随后,园内的景点逐步得到充实,在花园的中心场地上,设置了大理石泉池和喷水,小型方格园地的边缘围以绿篱,当中布置花坛、园亭或泉池。在园中最大的一个园地中,借鉴凡尔赛迷宫丛林的手法,兴建了一处以伊索寓言为主线的迷园。错综复杂的甬道两边围以高大的绿墙,修剪出壁龛并布置小喷泉,迷宫丛林中共有 32个这样的小喷泉。

园中还建有一座上下三层相互贯通的洞府,四周的护栏上装饰着来自希腊神话中的神祇和英雄大理石像;洞府中还有一座海神泉池,池中设置独特的机械装置,喷水时发出悦耳的琴声。这座洞府的做法,与意大利巴洛克园林中的水剧场如出一辙。

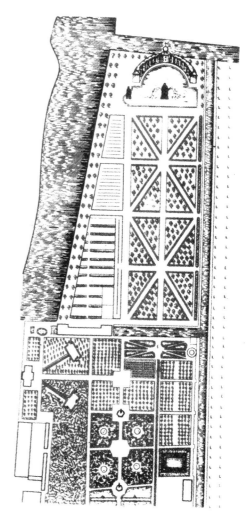

彼得堡夏宫花园平面图

夏宫花园充满了亲切宜人的园林气氛,其设计手法强调装饰性、娱乐性和艺术性,成为俄罗斯园林发展过程中的一座里程碑。

实例2 彼得宫苑(Gardens of the Peterhof Palace,1709 年)
设计:[法]勒·布隆(Le Blond)

彼得宫苑坐落在彼得堡郊外濒临芬兰湾的一块高地上,由面积为 15 万平方米的"上花园"及102.5万平方米的"下花园"组成。位于上、下花园之间的宫殿,高高耸立在面海的山坡上。由宫殿往北,地形急剧下降,直至海边,高差达 40 米。这一得天独厚的自然地理环境,使彼得宫苑具有了非凡的气势。

宫殿的底部顺着下降的地势,形成众多的洞府,外喷泉水柱将洞府笼罩在一片水雾之中,宛如水帘洞一般。水池周围还有许多大理石的瓶饰,从瓶中也喷出巨大的水柱。这一组雕塑喷泉综合体,是按照彼得大帝的构思形成的。

宫殿以北的台地下面是一组由雕塑、喷泉、台阶、跌水、瀑布构成的综合体。中心部位为希腊神话中的大力士参孙（Samson）搏狮像，巨大的参孙以双手撕开狮口，狮口中喷出一股高达 20 米的水柱。周围戽斗形的池中也有许多以希腊神话为主题的众神雕塑，还有象征涅瓦河、伏尔加河的河神塑像，以及各种动物形象的雕塑；各种形式的喷泉喷出的水柱高低错落、方向各异、此起彼伏、纵横交错，然后，跌落在阶梯上、台地上，顺势流淌，汇集在下面半圆形的大水池中，再沿运河归入大海。

上花园

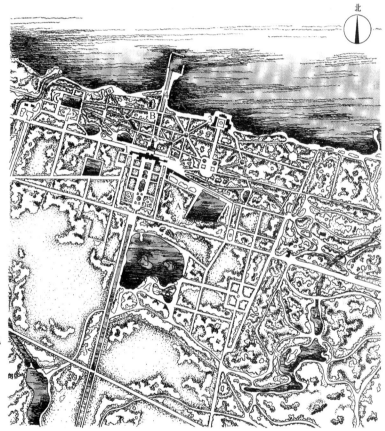

北

彼得宫苑平面图
1. 宫殿建筑
2. 马尔尼馆
3. 曼普列吉尔馆
4. 运河
5. 水剧场及半圆形大泉池
A. 上花园
B. 下花园

　　大水池两侧对称布置着有喷泉的草坪及模纹花坛。草坪北侧有围合的两座柱廊，柱廊与宫殿、水池、喷泉、雕塑共同组成了一个完美的空间。水池北的中轴线上为宽阔的运河，两侧为草地，草地上有一排圆形小喷水池，与宫前喷泉群的宏伟场面形成对比，显得十分宁静；草地旁为道路，路的外侧是大片丛林。

　　在中轴线两侧的小丛林中，对称布置了亚当、夏娃的雕像及喷泉，雕像周围有 12 支水柱由中心向外喷射。丛林中有一处坡地上做了三层斜坡，内为黑白色棋盘状，称"棋盘山"。上端有岩洞，由洞中流出的水沿棋盘斜面层层下跌，流至下面的水池中；棋盘两侧有台阶，旁边立着希腊神像雕塑。丛林中还有许多出自名家之手的著名雕塑复制品。

彼得宫是俄罗斯空前辉煌壮丽的皇家园林,由宫殿通向海边的中轴线及其两侧丛林的布局,形成了全园构图的主要骨架,也决定了彼得宫风格,这是彼得大帝受凡尔赛宫的启示亲自确定的。彼得宫的杰出成就,对俄罗斯园林艺术的发展有着重要的影响,成为俄罗斯规则式园林典范。

运河两旁的道路

宫前主喷泉　　　　　　　　　　　　　　　宫殿平台

实例3　巴甫洛夫园(Pavlov Park,1777 年)

巴甫洛夫园位于彼得堡郊外,在近半个世纪的持续建设过程中,几乎见证了彼得大帝之后俄罗斯园林发展的各个主要阶段。

1777 年,园中只兴建了两幢木楼建筑,辟建了简单的花园,有花坛、水池等景物;还有一座"中国亭",是园中最重要的景点。1780 年,苏格兰建筑师卡梅隆(Kameron)按照古典主义造园手法,对全园进行了整体设计。他将宫殿、园林及园中的其他建筑按照统一的设计思想,兴建了带有柱廊的宫殿、阿波罗柱廊、友谊殿等古典风格的建筑,形成了巴甫洛夫园的整体格局。1796 年园主保罗一世继承王位后,巴甫洛夫园成为皇室的夏宫。于是又邀请建筑师布里安诺(B. Bulianro)负责宫苑的扩建工程,使这里成为举行盛大的节日庆典和皇家礼仪的地方。

19 世纪 20 年代,巴甫洛夫园被改建成自然风景式园林,在造园艺术上达到其完美境界。巴甫洛夫风景园原址是大片的沼泽地,地形十分平坦,有斯拉夫扬卡河流经园内。河流稍加整理后蜿蜒曲折,部分河段扩大成湖。沿岸塑造出高低起伏的地形,并在高处种植松林,突出了地形变化。在平缓的河岸处,水面一直延伸到沿岸的草地边或小路旁。河流两侧还有茂密的丛林,林缘曲折变化,林中开辟幽静的林间空地;色彩丰富的孤植树和树丛或者种植在丛林前,或者点缀在林间的草地上,在丛林的衬托下十分突出,有着浮雕般的效果。

　　乡土树种构成全园的基调,移植的大树和人工栽植的丛林、片林经过一个多世纪的生长,形成自然气息浓厚的林地,将林中的一个个景区联系在一起。尽管园中有着不同时期、不同风格的景点,但是由于林地的联系和掩映作用,使得全园统一在一片林木之中。大小不同、形态各异的林间空地,如同一个个小林园,成为人们休憩游乐的场所,提高了林地的整体艺术水平。

　　在各个景区之间,借助园路和一系列透视线形成联系的纽带,重要的视线焦点上点缀着建筑物,形成完整的游览体系。景区之间的林地不仅起到分割空间的作用,而且将各具特色的景点融合于统一的林地景观之中。

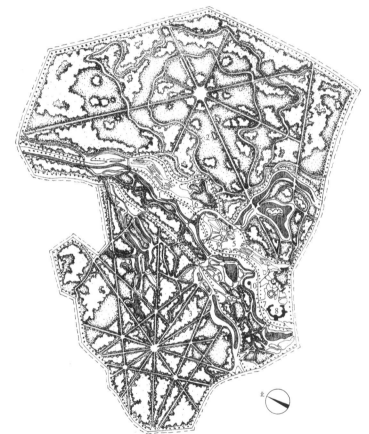

巴甫洛夫园平面图

1. 斯拉夫杨卡河谷
2. 白桦区
3. 大星区
4. 礼仪广场区
5. 老西里维亚
6. 新西里维亚
7. 宫前区
8. 宫殿建筑
9. 红河谷区
10. 友谊殿

友谊殿

园内溪流

白桦区

公园内景

　　该园中既有规则式造园时期留下的部局,也有自然式造园阶段留下的不同痕迹,如同讲述俄罗斯造园史的教科书。

2.8　丹　麦

实例1　音乐花园(Music Garden,1945年)

设计:[丹]索伦森(Carl Theodor Svrensen)[①]

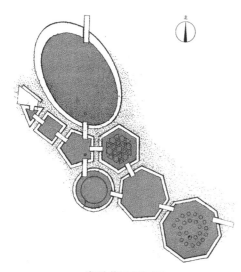

音乐花园平面图

音乐花园

　　这座花园是索伦森最著名的设计之一。为纪念丹麦航海家布林(Vitus Bering),1945年,索伦森的出生地Horsens市邀请他设计一个纪念公园。花园由建在草地上的由绿墙创造的一系列几何图案的"花园房间"组成,一个大的卵形对着一个小一些的圆,中间是相距3米依次排列的几何图案:一个三角形、一个正方形、一个五边形、一个六边形、一个七边形和一个八边形。这些几何图形的边长相等,都是10米,当边数增加时,形状也就扩展了。每面墙的高度也都不一

----

①索伦森(1893—1979),丹麦著名风景园林设计师。他的作品运用简单几何图形的空间组合和从丹麦农业景观文化中提炼出的植物要素,创造出充满艺术感的花园,体现了非常丹麦化的现代景观。他的设计理论与实践对北欧国家产生了重要影响。其他代表作品有:哥本哈根Nrum家庭园艺花园、斯德哥尔摩Sverige Riksbanken银行庭院、奥尔胡斯大学校园、蒂伏里花园等。

样,从与人的视线齐平到3倍于人体高的尺度。这些"房间"具有不同的功能,有的放雕塑,有的盛水。这样,当游人从这些不同形状的"房间"中穿过时,整个空间的构图就能被体验。但是这一方案没有被市议会接受,后来索伦森不得不修改方案。1956年他有机会在Herning市的一个衬衫厂再现了这个设计,花园是为工人提供的愉快室外空间。由于基地稍小,在这里减去了八边形的房间,山毛榉绿篱取代了原来音乐花园中爬满蔓藤的石墙。

实例2　海尔辛堡市港口广场(Helsingborg Harbor Square,1993年)

设计:[瑞典]安德松(Sven-lngvar Andersson)①

像许多欧洲的港口城市一样,海尔辛堡的港口在搬离了城市历史文化的中心地区后成为城市新的公共空间。在这片区域中,安德松设计了港口广场,并把区域中现有的和历史的要素联系在一起,同时解决汽车、自行车和人行的交通问题。

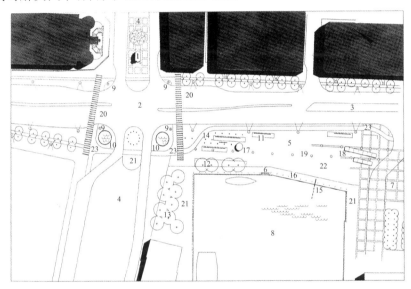

海尔辛堡市港口广场平面图

1. 雕塑	7. 车站	13. 原有树木	19. 灯柱
2. 十字路口	8. 内港	14. 旗杆	20. 斑马线
3. 分车带	9. 灯柱	15. 喷泉	21. 石铺装场地
4. 市镇广场	10. 蓝色马赛克喷泉	16. 铁链栏杆	22. 水泥砖铺装场地
5. 国王广场	11. 大理石墙和座凳	17. 售货亭	23. 自行车道
6. 台阶	12. 柳树	18. 自行车停车处	

安德松在入口道路的两侧安排了两个圆形喷泉,给人们一种进入港口的印象。这两个喷泉是由回收的陶瓷加工而成,形式上受到西班牙建筑师高迪的启发,水从中心注入,沿蓝色陶瓷壁缓缓流下,形成一层很薄的水膜,波纹、光线和水声都在不停地变化,形成一个不停变化的场景。

---

①瑞典著名景观设计师,设计了大量的花园、公园、广场和公共空间。他的作品结合了丹麦的文化、艺术和环境特点,形式清晰简洁、接近自然,空间满足各种使用的需要。其他代表作品有:哥本哈根Sankt Hans Torv广场、维也纳的Karlsplatz广场、加拿大蒙特利尔国际博览会环境、巴黎德方斯凯旋门环境、阿姆斯特丹博物馆广场等。

广场上一些花岗岩矮墙将车行与朝向大海的步行和休息区域分开,在矮墙前设置一些座椅和大花钵,为人们创造了一个放松和欣赏港口的地方。在海岸边,用金属矮柱和细链保护着人行道路,形成海港的气氛。最精彩的是在海与岸之间的金属环状喷泉,水从环上分三注喷出,远远地落入海中,成为海港广场的象征。

花岗岩矮墙、座椅和花钵

广场上的金属环状喷泉

广场入口喷泉

2.9 芬 兰

实例 玛丽亚别墅庭院(Garden of Villa Mairea,1938—1939 年)

设计:[芬]阿尔瓦·阿尔托(Alvar Aalto)①

玛丽亚别墅庭院位于芬兰努玛库一个长满松树的小山顶上。别墅平面呈 L 形,加上尾部单独设立的桑拿浴室和游泳池,围合成 U 形的庭院,周围是一片茂密的树林,充满了宁静感。

---

①阿尔瓦·阿尔托(1898—1976),杰出的现代主义建筑大师。阿尔托强调现代建筑的功能原则应和建筑的有机形态相结合,并在建筑中广泛使用传统的建筑材料。这使他的建筑具有与众不同的亲切感,开创了现代建筑体现人情味的道路。其他代表作品有:维普里(Viipuri)市立图书馆、帕米奥(Pamio)疗养院、赫尔辛基全国民众退休金管理局、珊纳特塞罗市政厅、赫尔辛基文化宫等。

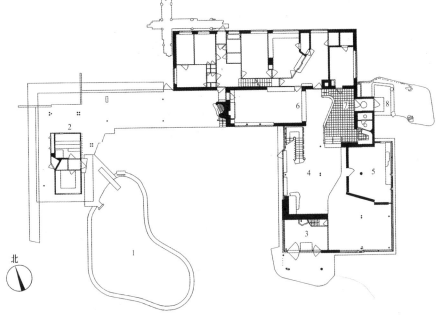

玛利亚别墅平面图

1. 游泳池
2. 桑拿房
3. 温室花园
4. 起居室
5. 书房
6. 餐厅
7. 入口大厅
8. 主入口

北

玛丽亚别墅庭院

游泳池

入口处,未经修饰的小树枝排列成柱廊的模样,雨篷的曲线自由活泼,从浓密的枝叶中露出一角,颇有几分乡村住宅的味道。别墅内部房间的大小、高矮、地面材料富于变化,显示了不同的私密程度。空间分割物除墙壁外,还有矮墙、木栅、木柱等,空间分划有实有虚,自由流畅。

该庭院空间作为别墅不可或缺的一部分,起到了将自然情趣引入日常起居

别墅入口

生活的作用。阿尔托在联系一层起居室与庭院的界面时采用了大面积玻璃窗和玻璃门,而在餐厅处选择用通往桑拿房的长廊作为过渡。庭院中由自由曲线围合而成的泳池源自芬兰蜿蜒曲折的海岸线,更象征着建筑空间起源于鱼卵般的原生状态。桑拿房位于院子一角,呈曲尺形,连接着门廊,用木材建造,平屋顶上铺着草皮。泳池周围是一道 L 形毛石墙,界定了庭院边界。

玛丽亚别墅赋予现代主义以丰富的复杂性,包含对历史和地域的尊重,对地方材料的充分运用,对建筑与环境和谐的重视,对心理需求、感官体验的强调以及设计师个人风格与手法的展示,独树一帜,耐人寻味。

2.10　希　腊

实例　雅典卫城(Acropolis of Athens,公元前 580—前 540 年)

设计:[希]菲迪亚斯(Phidias)①
　　　[希]穆尼西克里(Mnesicles)②
　　　[希]伊克蒂诺斯(Ictinus)③
　　　[希]卡利克拉特(Callicrates)④

卫城位于雅典西南部的一座台地上,山顶石灰石裸露,大致平坦,高于四周平地 70~80 米。东西长约 280 米,南北最宽处 130 米。雅典卫城最初是防御性质的堡垒,随着历史的前进,其防御功能逐渐被减弱,后完全用于宗教祭祀活动。

雅典卫城总平面布置是按照祭祀行为的活动区域,采取自由活泼的布局方式,没有轴线,不寻求对称。主要建筑物贴近西、北、南三个边沿,同时照顾了山上山下的观赏效果。考虑到朝圣者在其中的活动流线及观赏顺序,建筑物顺应地势安排,道路转折起伏。卫城整体结构分明,空间层次有序,体现了对立统一的原则,并且表达了设计者的人性化思考。

雅典卫城的建筑风格,虽各有特色却有机统一,展示出建筑群体组合的艺术。由卫城西边的斜坡拾级而上,是朴素的多利亚山门(Propylea),山门整体平面呈"H"形,由中部的主体建筑和两边的侧翼建筑组成。在设计风格上显示出了雄伟与华美的统一,也是多利亚和爱奥尼亚柱式两种不同风格融会贯通的典型。山门之后是卫城的核心地段,高 11 米的雅典娜(Athena)⑤雕像执矛而立,形成整个卫城的构图中心。绕过雅典娜像,东侧是位于卫城最高处的帕提农神庙(Parthenon),它由白色的大理石砌成,长 70 米、宽 31 米,是卫城上体量最大的建筑物,体现了古希腊建筑艺术的最高成就。帕提农神庙的北面是纤巧秀丽的伊瑞克提翁(Erechtheion)神庙⑥,它是卫城建筑群中最后一个建筑物。庙址是一块高低不平的坡面,断坎落差很大,使它具有不对称的构图美感。神庙南端身姿优美的女像柱是整座建筑的精华。卫城南坡还建有竞技场及露天剧场等服务于民的设施,是平民活动的中心。

----

①菲迪亚斯(公元前 480—前 430 年),古希腊雕刻家、画家和建筑师。他的作品忠实于自然,同时善于净化自然;模仿自然,同时又善于在模仿中发挥想象力,表现理想。其他代表作品有:雅典娜神像、宙斯神像。
②穆尼西克里(公元前 5 世纪),古希腊建筑师。其他代表作品有:雅典卫城的山门。
③伊克蒂诺斯(公元前 5 世纪),古希腊建筑师。其他代表作品有:帕提农神庙。
④卡利克拉特(公元前 5 世纪),古希腊建筑师。其他代表作品有:帕提农神庙。
⑤雅典娜,是希腊神话中的智慧与工艺女神,也是女战神,执掌正义战争,被称为雅典的保护神。
⑥相传是女神雅典娜和海神波塞东(Poseidon)为争作雅典保护神而斗智的地方。

　　雅典卫城体现着一种和谐、端庄、典雅和充满理性秩序的美,给人以极强的艺术感染力,因此也成就了它作为西方古典建筑与园林最高艺术典范的地位。

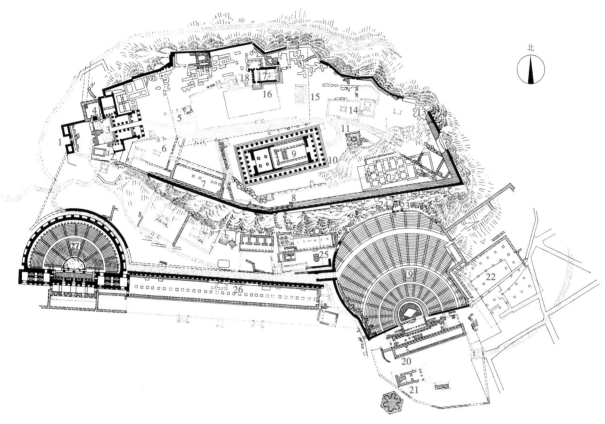

雅典卫城平面图

1. 布雷门	2. 雅典娜-尼凯神庙(胜利神庙)	3. 山门	4. (山门北翼)"画廊"
5. 雅典娜雕像	6. 阿耳忒弥斯圣区	7. 军械库	8. 老城墙
9. 帕提农神庙	10. 老帕提农神庙	11. 罗马和奥古斯都神庙	12. 近代博物馆
13. 近代望楼	14. 宙斯祠堂	15. 雅典娜祭坛	16. 雅典娜神庙
17. 伊瑞克提翁神庙	18. 潘德罗斯圣区	19. 戴奥尼索斯剧场	20. 老戴奥尼索斯神庙
21. 新戴奥尼索斯神庙	22. 伯利克里音乐堂	23. 色拉西诺斯纪念亭	24. 音乐比赛纪念亭
25. 医神圣地	26. 欧迈尼斯廊厅	27. 希罗德-阿提库斯剧场	

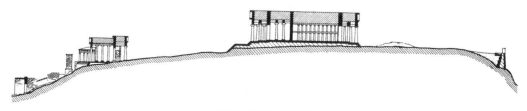

卫城东西向剖面图

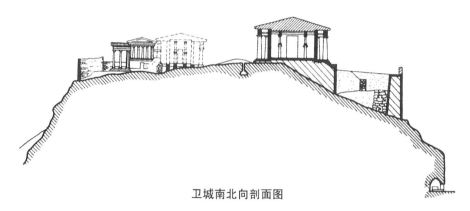

卫城南北向剖面图

雅典卫城全貌

复原鸟瞰图

戴奥尼索斯剧场

帕提农神庙

伊瑞克提翁神庙

3 美洲风景园林名作

3.1 美 国

实例1 纽约中央公园(Central Park,1856—1876 年)

设计:[美]弗雷德里克·劳·奥姆斯特德(Frederick Olmsted)①,
卡尔沃特·沃克斯(Calvert Vaux)

纽约中央公园位于曼哈顿区中央,故名。基地南北长约 4 100 米,东西宽约 830 米,面积约为 340 万平方米。奥姆斯特德对自然风景园极为推崇,并将这一园林形式在中央公园中加以运用。它是美国的第一个向公众提供文体活动的城市公园。该园具体特点如下:

1)与城市联系紧密

大门在南端,全园四周有许多出入口,方便市民往来。四周用绿带隔离干扰,改善了城市中心的环境。

2)功能丰富

园内既有湖泊、山岩、翠林、草原等自然景观,又有亭、台、楼、榭、古堡等人文景观,两者穿插组合,相得益彰。还辟有各种各样的球场及娱乐活动场地。

3)合理的交通组织

设计者充分利用地形层次变化设计了车道、马道和步道系统,各自分流,在相互穿越时利用石拱桥解决。为了不妨碍景观,桥洞多置在低洼处,用植物巧妙地加以隐蔽。园内道路基本上都是曲线,连接平滑,形状优美,路上的景色变化多姿。

4)结合自然

总体布局为自然风景式,园中保留了不少原有的地貌和植被。园内不同品种的乔灌木都经过精心的安排,使它们的形式、色彩、姿态都能得到最好的显示,同时生长也能得到良好的发展。

5)多样化设计

中央公园的设计风格十分简洁,主题是水、草坪与树林,综合运用了围合、分割、对景、视觉走廊等手法。

---

①弗雷德里克·劳·奥姆斯特德(1822—1903),美国 19 世纪下半叶最著名的规划师和景观设计师。他提炼升华了英国早期自然主义景观理论家的品位和风格,以及他们对"田园式"和"如画般"的特质的强调。他的设计覆盖面极广,从公园、城市规划、土地细分,到公共广场、半公共建筑等,对美国的城市规划和风景园林设计具有不可磨灭的影响。他创办了美国景观设计专业,被誉为"美国风景园林之父"。其他代表作品有:波士顿"翡翠项链"公园系统、旧金山公园、芝加哥南部公园、斯坦福大学校园、芝加哥世界博览会等。

　　中央公园作为美国城市公园发展史的一座里程碑,促进了人与自然的交往,带动了城市公园的蓬勃发展。

公园与城市的联系

中央公园鸟瞰

中央公园平面图

1. 温室花园
2. 北部沟谷
3. 观景城堡
4. 弓形桥
5. 水池喷泉台地

北

弓形桥

台地

公园内的自然景观   开阔的运动空间

实例2　金门公园（Golden Gate Park，1871年）

设计：［美］威廉·哈蒙德·霍尔（William Hammond Hall）[①]

　　金门公园位于美国旧金山，占地1 017万平方米，从斯塔尼安街向西延伸三英里多，直到大洋海滩。公园占地宽800米，长约4千米，横跨53条街，是世界最大的植物栽植公园。在公园建成之前，它被称作"野地"，名副其实一片荒野，而今已蜕变成旧金山引以为傲的绿色之肺，与纽约的中央公园并立为美国东西岸最具代表性的两大绿地。

　　金门公园是由十多座各具魅力的小公园所组成，集科普、休闲、娱乐、体育为一体，汇集世界各国艺术元素，其中设置了植物园、温室花园、自然博物馆、日本茶园等。金门公园内没有栏杆、围墙，而是用树木、花丛进行空间的围合分割，并串联各区的曲径沿着花丛迂回穿梭，人们可以进行多种多样的娱乐活动。

　　植物园面积为28.3万平方米，引进植物7 000多种，囊括了不同地带的植物群落，从亚当乐园开始，穿过南非园，向前是加州本地植物区，终点是墨西哥长青植物区。

　　温室花园是典雅的维多利亚式建筑，模仿了英国伦敦丘园的皇家温室，室内引种了19世纪颇受欢迎的热带奇特植物以及各种热带花卉和中草药植物。

　　加利福尼亚科学博物馆是世界上最大的自然博物馆之一。它吸收了很多绿色建筑的设计思想，比如自然通风、采用可持续发展的材料，并在屋顶上种植了大量的植物。建筑内包括科学家中心、图书馆、实验室，科普展示包括天文馆、水族馆、热带雨林馆及自然历史博物馆。

　　占地5万平方米的日本茶园，以祥和、宁静为基本格调，设计了微缩的山景、沙粒组成的河流，还有周围的小岛；并通过各类植物配置和独具特色的石头造型，将人工与自然景观融为一体，在有限的空间里极好地吸纳了自然精髓。

金门公园平面图

| 1. 足球场 | 2. 高尔夫球场 | 3. 马球场 | 4. "斯托"湖 | 5. 美术馆 |
| 6. 旧金山植物园 | 7. 音乐广场 | 8. 加州科学博物馆 | 9. 温室花园 | 10. 体育馆 |

①威廉·哈蒙德·霍尔（1846—1934），工程师、测绘师、景观设计师、规划师。

金门公园的设计体现了人性化原则,并很好地融合了文化与历史,成为市民和游客休闲娱乐的理想场所。

金门公园鸟瞰图

公园绿地

加州科学博物馆

日本茶园

温室花园

音乐广场

实例3 黄石国家公园(Yellowstone National Park,1872年)

黄石国家公园位于美国西部爱达荷、蒙大拿、怀俄明三个州交界的北落基山之间的熔岩高原上,绝大部分在怀俄明州西北部。海拔2 000多米,最初占地8 992平方千米,经过1897年的第二次扩建,其面积已经接近其最初面积的两倍,是美国设立最早、规模最大的国家公园。园区辽阔,大小山峰林立,其中泥火山、化石林和大峡谷尤为出名。山石的黄颜色由热泉、火山熔岩作用而成,并由此得名。园区内有大小数条河流纵横,还有瀑布和大湖分布其间。园区内还有一望无垠的荒原,形成了得天独厚的野生动物园。

山峰

瀑布

湖泊

森林

间歇喷泉

公园的中部是一片覆盖着茂密森林的较为平坦的火山高原,平均高度达到海拔2 400米。高原的周围环绕着加勒廷山支脉及一些白雪覆盖的山峦和数条河流,其间还分布着无数的湖泊。间歇喷泉①和温泉是黄石公园最富特色的景致,有温泉4 000多个,间歇泉100处,有相当多的温泉水温超过沸水温度。一些间歇泉的水柱气势磅礴,直径从1.5至18米不等,高度有45~90米。沸泉的另一惊奇之处,便是沸泉与地下泥浆和岩浆结合而形成的彩泥泉、泥泉、泥火山以及泥湖泉,它们充满了各种颜色,一齐翻滚、沸腾,其景象非常奇异。

黄石公园的森林覆盖率达到85%。绝大部分树木是扭叶松(Pinus contorta var. murray-

①间歇喷泉即指大量的地下热水,过一段时间就会向天空喷射一次,形成不同形状的热水柱。

ana），也有零星的小片洋松、美洲云杉、银杉（Abies lasioearpa）、白松以及少量的赤杨、白杨和桦树。在扭叶松森林中，树木生长茂密，许多树木的直径都在 1.2～2.4 米，树高达 30 米。

此外，那色彩斑斓的岩石峭壁、白浪翻滚的河流、气势壮观的瀑布、种类丰富的动物等，都为黄石国家公园增添了神奇的景致。

实例 4　瑙姆科吉庄园（Naumkeag Fazenda，1931—1938 年）

设计：[美]斯蒂里（Fletcher Steele）[①]

瑙姆科吉庄园位于陡峭的伯克舍山中部。庄园原有花园围绕着建筑，由波士顿设计师伯瑞特（Nathan Barrett）设计，陡峭的草地和维多利亚形式的大量运用构成了花园的特点。花园和周围的山体赋予了斯蒂里创作的灵感，激发他对程式化的传统花园进行新的改造。在伯瑞特的基础上他建造了一系列小花园，主要有：

1）午后花园（the Afternoon Garden）

这里的空间借鉴了加州传统花园的形式，在园中可以看到远山的景色。花园中除了水池、喷泉和黄杨花坛外，四周的橡木立柱非常醒目。这些立柱经大胆雕刻并漆上鲜艳的色彩，柱间用粗粗的绳子装饰，忍冬和铁线莲可以攀爬到绳子之上。

2）平台花园（the Terrace Garden）

午后花园

蓝色阶梯

1931 年斯蒂里在瑙姆科吉南部建造了一个平台花园，草地上斜向交错布置着弯曲的砾石带和月季花坛，运用了无规律的曲线样式，与远处山体的曲线相呼应。

3）蓝色阶梯（Blue Stairs）

1938 年，斯蒂里在庄园里建造了代表作——"蓝色阶梯"，坚固的石砌台阶与纤细弯曲的白色扶手栏杆形成鲜明对比，并在精心种植的白桦树丛的陪衬下，形成有趣的视觉效果。"蓝色阶梯"展示了他运用透视法对地段富有想象力的处理，充分体现出了新艺术运动的曲线美、装饰美，并用平面的色彩变化加强了深邃的透视效果。

[①]斯蒂里（1885—1971），美国第一位深入分析欧洲前卫花园并运用到自己的设计实践中的设计师。斯蒂里的设计风格介于传统和现代之间，他的作品传递了欧洲现代主义园林的信息，是美国现代园林运动爆发的导火线。

白桦道和水渠

平台花园

实例 5　流水别墅(Fallingwater House,1936—1938 年)

设计:[美]弗兰克·劳埃德·赖特(Frank Lloyd Wright)①

　　流水别墅位于美国宾夕法尼亚州西南部匹兹堡市林木繁茂的熊跑溪②畔。由于别墅建在瀑布上因此而得名。建筑为三层,室内面积约 380 平方米(另有近 300 平方米的室外平台等),底层直接可以到达溪流水面。

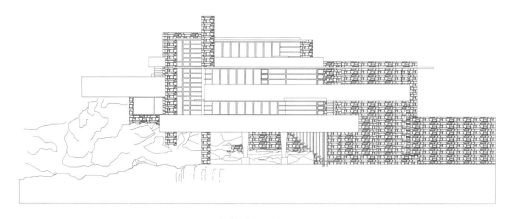

流水别墅立面图

------

①弗兰克·劳埃德·赖特(1867—1959),是 20 世纪美国一位最重要的建筑师,在世界上享有盛誉。赖特提出了"有机建筑"(Organic architecture)的思想,他强调"建筑是用结构表达观点的科学之艺术""建筑设计同自然环境的紧密配合""形式与功能的统一""建筑作品应该富有有特性和诗意的形式"等。其他代表作品有:东京帝国饭店(Imperial Hotel)、约翰逊公司总部(Johnson & Son Inc Administration Building)、古根汉姆博物馆(The Guggenheim Museum)等。

②约克加尼河在宾夕法尼亚州境内的一条支流。

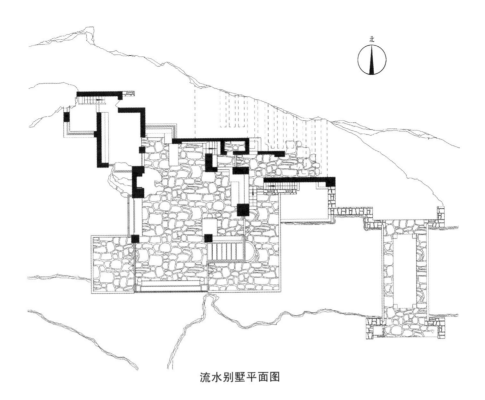

流水别墅平面图

流水别墅外观

建筑与自然的渗透

从室内洞口可以看到溪流

整个建筑的平面布局,以水平穿插和延伸为主,以取得同瀑布的对比,并同周围水平向的山石取得和谐。各层的大小和形状各不相同,利用钢筋混凝土结构的悬挑能力,向各个方向远远地悬伸出来。两层巨大的平台高低错落,前后掩映,可以看到3个方向的风景。第一层平台向左右延伸,而第二层平台则向前悬挑于第一层平台之外。整座建筑似乎是从山石中生长出来,又凌跃在溪流瀑布之上。

在建筑外形上最突出的是一道道横墙和几条竖向的石墙,横墙色白而光洁,石墙色暗而粗犷,组成了纵横交错构图,又增加了颜色和质感上的对比;再加上光影上的变化,使这座建筑的体量更富有变化而活泼生动。

起居室

房间被石墙与大面积玻璃门窗围合,能够看到外面的森林和四季变化,仿佛室内室外在相互流动、相互渗透,建筑与自然浑然一体。在起居室的壁炉旁,一块略为凸出地面的天然山石被有意保留下来,稍加雕凿后与壁炉石墙连为一体,地面和壁炉也是选用本地石材砌就。

作为赖特有机建筑(Organic architecture)的代表,流水别墅以其与自然的巧妙结合、变化多姿的形体组合和充满意趣的空间处理获得了成功,被视为美国20世纪30年代现代主义建筑的杰作。

实例6 洛克菲勒中心广场(Rockefeller Center Square,1936年)

设计:[美]雷蒙·胡德(Raymond Hood)

该广场以石油巨头洛克菲勒的名字命名,是美国城市中公认的最有活力、最受人欢迎的公共活动空间之一。中心由十几栋建筑组合而成,空间构图生动,外部环境富于变化,在布局上同时满足了城市景观和人们进行商业、文化娱乐活动的需要,被称为"城中之城"。

在70层主体建筑RCA大厦前有一个下沉式的广场,广场底部下降约4米,与中心其他建筑的地下商场、剧场及第五大道相连通。该广场的魅力首先是由于地面高差而产生的,采用下沉的形式能引起人们的注意。在广场的中轴线垂直进入广场的道路称为"峡谷花园"(Channel

Garden）。它宽约 17.5 米,长约 60 米,做成斜坡处理。广场中轴线尽端,是金黄色的普罗米修斯雕像和喷水池。它以褐色花岗石墙面为背景,成为广场的视觉中心。广场四周旗杆上飘扬着各国国旗,代表了纽约国际都市的特色。下沉广场的北部是该中心的一条较宽的步行商业街,

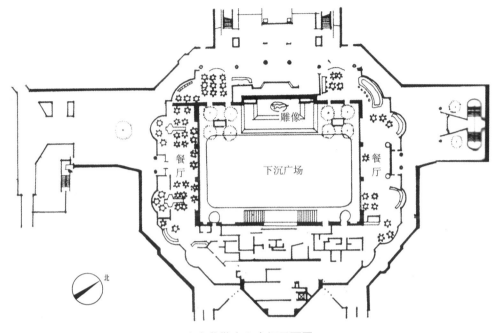

洛克菲勒中心广场平面图

洛克菲勒广场剖面图

溜冰广场

广场周边环境

街心花园有座椅等方便设施供人休憩。广场虽然规模较小,但使用效率却很高。夏天是露天快餐和咖啡座;冬天则是溜冰场,一年四季都深受人们的欢迎。广场的下沉式处理可以躲避城市道路的噪声与视觉干扰,在城市中心区为人们创造出比较安静的环境气氛。

从第五大道进入广场

普罗米修斯雕像

峡谷花园

　　洛克菲勒中心广场创造了繁华市中心建筑群中一个富有生气的、集功能与艺术为一体的新的广场空间形式,是现代城市广场设计走向功能复合化的典范案例,其成功经验为许多后来的城市广场设计提供了参考。

实例7　唐纳花园(Donnel Garden,1948 年)

设计:[美]托马斯·丘奇(Thomas Church)①

　　唐纳花园的整个庭院由入口院子、游泳池、餐饮处和大面积的平台所组成。平台的一部分是美国杉木铺装地面,另一部分是混凝土地面。庭院轮廓以锯齿线和曲线相连,构成三面围合一面开敞的空间。

---

①托马斯·丘奇(1902—1978),美国现代园林的开拓者,他将新的视觉形式运用到园林中,同时满足功能要求。他从20 世纪30 年代后期开始,开创了被称为"加州花园"(California Garden)的美国西海岸现代园林风格。丘奇等加州现代园林设计师群体被称为加利福尼亚学派,其设计思想和手法对今天美国和世界的风景园林设计有深远的影响。其他代表作品有:阿普托斯(Aptos)花园、"瓦伦西亚公共住宅"工程(Valencia Public Housing)、"通用汽车公司技术中心"(General Motors Technical Center)等。

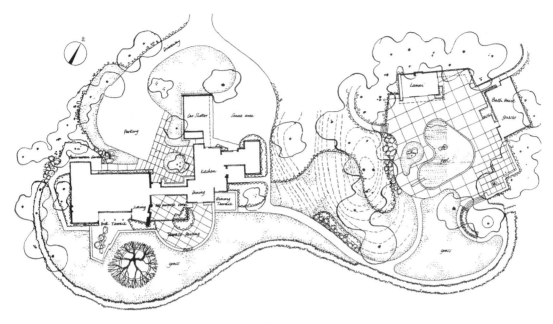

唐纳花园平面图

　　中心区域设计为流畅线条的肾形蓝色游泳池,池中放置阿达利恩·肯特(Adaline Kent)设计的洁白雕塑,池边还设有白色跳板。与泳池相对的是放有景石的水滴形草坪,两者相得益彰。从庭院建筑室内望出去,景观视线开阔,水天一色,自由流畅的游泳池、草池形式与远景相呼应,反映了远山的起伏和外部盐水沼泽区的蜿蜒,并与池中雕塑作品发生共鸣。为了扩大空间感,"借景"手法在这里得到运用。设计师利用两侧树冠框景将远处原野、海湾和旧金山的天际线引入庭院中,同时也将视线引向园外,使花园成为远处优美景色的前景,成为视觉景观统一体的一部分。

远眺景观　　　　　　　　　　　　游泳池

唐纳花园成为丘奇最著名的作品,是其开创的"加州花园"风格①的代表。

实例8 米勒花园(Miller Garden,1955年)

设计:[美]丹·克雷(Dan Kilay)②

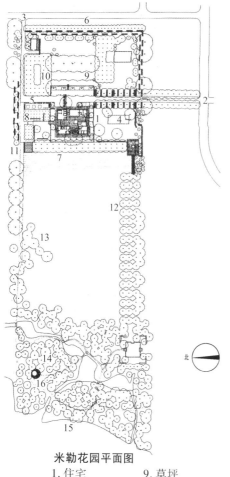

米勒花园平面图

1. 住宅 9. 草坪
2. 主入口 10. 果园
3. 次入口 11. 雕塑
4. 游泳池 12. 草地
5. 侧柏篱 13. 垂柳
6. 交错的侧柏篱 14. 泛滥区
7. 刺槐林荫道 15. Flatrock 河
8. 紫荆树丛 16. 浪漫园

建筑外环境

刺槐林荫道

花园雕塑

①20世纪40年代,在美国西海岸,一种不同于以往的私人花园风格逐渐兴起,不仅受到渴望拥有自己花园的中产阶层的喜爱,也在美国风景园林行业中引起强烈的反响,成为当时现代园林的代表。这种带有露天木制平台、游泳池、不规则种植区域和动态平面的小花园为人们创造了户外生活的新方式,被称为"加州花园"。

②1912年出生于马萨诸塞州波士顿,是美国现代景观设计的奠基人之一。克雷的作品显示出他运用古典主义语言营造现代空间的强烈追求。他的设计通常从基地和功能出发,确定空间的类型,然后用轴线、绿篱、水池和平台等古典语言来塑造空间,注重结构的清晰性和空间的连续性;材料的运用简洁而直接,没有装饰性的细节;空间的微妙变化主要体现在材料的质感色彩、植物的季相变化和水的灵活运用。其他代表作品有:达拉斯联合银行大厦喷泉广场、国家银行总部花园、费城独立大道第三街区、堪萨斯城尼尔森·阿特金斯美术馆雕塑花园等。

米勒花园位于美国印第安那州哥伦布市,被认为是克雷的第一个真正现代主义的设计,显示出他对建立在几何秩序之上的设计语言的纯熟运用。

　　米勒家族邀请著名建筑师小沙里宁①为自己设计的住宅方案是一个平面呈长方形的建筑,周围是一块长方形约4万平方米的相对平坦的基地。克雷结合基地情况紧接住宅,以建筑的秩序为出发点,将建筑的空间延伸至周围庭院空间中去。花园分为三部分:庭院、草地和树林。克雷在园中应用植物材料进行空间建构,植物体块平静而仔细的排序,通过结构(树干)与围合(绿篱)的对比,诠释了现代建筑自由平面的思想。同时塑造了一系列轻松含蓄富有韵律的室外休闲空地:成人花园、秘园、餐台、游戏草地、游泳池、晒衣场等。开阔的场地给克雷提供了高度自由,使他抛却传统花园模式,完成了对横越建筑与场地之间精巧的透明度的探索,以及在草地和建筑空地间花园的同步协调组织。

　　米勒花园是现代风景园林中一个不朽的标志,它标志着克雷独特设计风格的初步形成,是他设计生涯的一个转折点。

实例9　洛杉矶迪斯尼乐园(Disneyland in Los Anqeles,1955年)
设计:[美]瓦尔特·格罗皮乌斯(Walter Gropius)②

　　由沃尔特·迪斯尼(Walter Elias Disney)③在加利福尼亚州创办的迪斯尼乐园位于加利福尼亚州阿纳海姆市,距洛杉矶35千米,占地64.7万平方米,是世界上第一个现代意义上的主题公园。

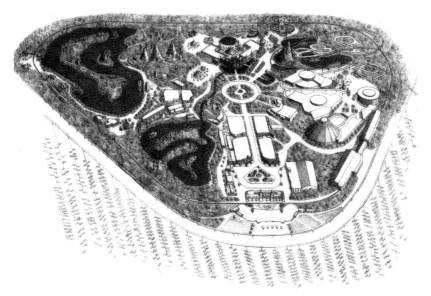

迪斯尼乐园鸟瞰图

----

①小沙里宁(1910—1961),芬兰裔美国建筑师,著名的作品有圣路易斯杰弗逊国家纪念碑和纽约肯尼迪国际机场第五航站楼。

②瓦尔特·格罗皮乌斯(1883—1969),现代建筑师和建筑教育家,现代主义建筑学派的倡导人和奠基人之一,包豪斯(Bauhaus)学校的创办人。他积极提倡建筑设计与工艺的统一,艺术与技术的结合,讲究功能、技术和经济效益。其他代表作品有:法古斯鞋厂、包豪斯校舍、自用住宅、哈佛大学研究生中心等。

③沃尔特·迪斯尼(1901—1966),美国动画片先驱、迪斯尼乐园的创始人。他以创作卡通人物米老鼠和唐老鸭闻名。他制作了世界第一部有声动画片《蒸汽船威利》(1928年)和第一部动画长片《白雪公主》(1938年)。

乐园内的交通工具

游乐场

城堡

雪山湖泊

　　园区在功能分区和景观组织处理手法上科学合理,主游线清晰明朗,各级游览线路分类有序,导向性强。游乐园里共有四个区域:冒险世界、西部边疆、童话世界和未来世界,包括古堡、卡通馆、瀑布、雪山、原始森林等18处景点,以道路、广场、水路、铁路连接组成。园内有马车、公共汽车、火车、高空缆车和船只等交通工具将游人送往各分区景点。景区内每一分区都有地标性设施,园林景观小品种类繁多,既丰富了园区景观,又增加了园区的可观赏性。

　　迪斯尼乐园创造性地将动画电影所运用的表现手法和游乐园特性相融合,使游乐形态以一种戏剧性、舞台化的方式表现出来,其景观效果丰富多彩。开业至今,它的现代卡通式奇特形象深受世界各地的游人特别是儿童的喜爱。

实例 10 阿尔可花园（Alcoa Garden，1959 年）

设计：[美]盖瑞特·埃克博（Garrett Eckbo）①

阿尔可花园位于洛杉矶，实际上是埃克博自己住宅的前庭花园。在此居住的 15 年中，埃克博一直不断建设着这个花园，花园因此成为其实施新思想、试验新材料的场所。

喷水钵

花园将水池、廊架和植物沿着庭院周边布置，中部为开阔的阳光草坪。错落有致的种植设计配合微地形处理，在完成庭院边界视线遮挡的同时，将花园内景与院外远景自然地融为一体，扩大了庭院空间感，并为建筑室内提供了良好的景观。埃克博在靠近廊架处设计了一座小水池，并放置了一个好似纸折多边形的铝制灰绿色喷水钵，水从钵内喷出后流回水钵再溢入水池中。

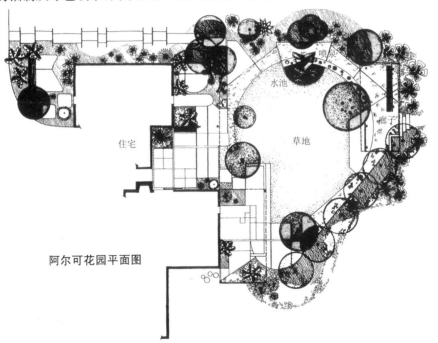

阿尔可花园平面图

园中最著名的是用铝合金建造的花架凉棚和喷泉。第二次世界大战后，铝制品从战备物资转为民用产品，但当时人们并不熟悉这一新材料。1959 年，埃克博充分发挥想象力，自信而大胆地在花园中用闪着金属光泽的各种电镀铝合金型材和网孔板建造了一个廊架，并利用网纹的细密度设置了屏风和格栅，空间得以界定而视线似透非透。整个构架带着浓郁的咖啡色和优雅的金色，在阳光照射下形成迷人的光影，显得十分神秘而高贵。水泥与细卵石浇筑的道路铺装

①盖瑞特·埃克博(1910—2000)，是"加利福尼亚学派"的重要人物。他的设计既注重人与自然的和谐关系，又充分考虑新的艺术、文化和技术包括材料在其中的重要作用。其他代表作品有：蒙罗·帕克花园（Menlo Park Garden）、弗莱斯诺步行街（Frensno Mall）、联合银行广场（Union Bank Square）、新墨西哥州大学阿尔伯克基（Albuquerque）校区校园规划等。

朴素而不失精细,将园内各部分连接成为统一整体。

阿尔可花园在新材料的应用上具有开创意义,以至于在美国掀起了铝合金造园的热潮,埃克博也因此而赢得了巨大的声誉。

阿尔可花园

花架凉棚

实例11 波特兰系列广场和绿地(Portland Square and Green Land,1961 年)

设计:[美]劳伦斯·哈普林(Lawrence Halprin)①

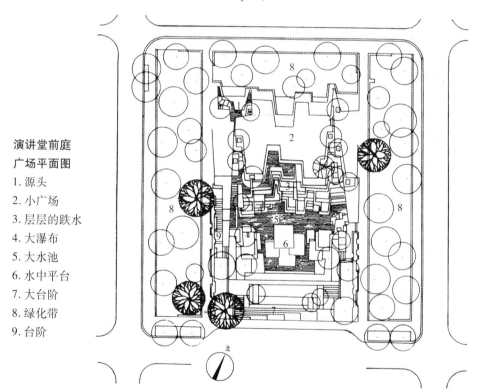

演讲堂前庭
广场平面图

1. 源头
2. 小广场
3. 层层的跌水
4. 大瀑布
5. 大水池
6. 水中平台
7. 大台阶
8. 绿化带
9. 台阶

北

①1916 年生于美国纽约,是第二次世界大战后美国著名的风景园林设计师和理论家之一,重视自然和乡土性是哈普林的设计特点。他的作品范围非常广泛,如城市广场和绿地、商业街区的设计、社区的规划设计、校园和公司园区的规划设计,以及一些较大尺度的规划。其他代表作品有:罗斯福总统纪念园(The FDR Memorial)、西雅图高速公路公园、曼哈顿广场公园(Manhattan Square Park)、旧金山莱维广场(Levi Plaza)等。

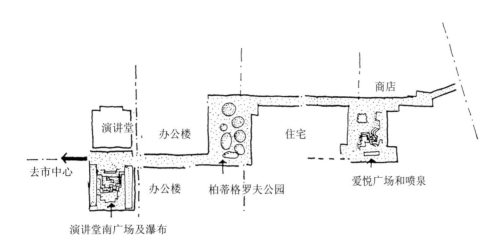

波特兰系列广场和绿地位置图

　　哈普林为波特兰市设计的一组广场和绿地是他最重要的作品。三个广场由一系列已建成的人行林荫道来连接。

演讲堂前庭广场剖面图

爱悦广场鸟瞰图

广场跌水

　　"爱悦广场"(Lovejoy Plaza)是这个系列的第一个节点。就如同广场名称的含义,是为公众参与而设计的一个活泼而令人振奋的中心。广场的喷泉处于一组用混凝土堆砌的石片中,水流从石缝中迸射出来,形成一段美妙的弧线,然后展开,恢复成平面,直至静止。整个过程表现出水的不同形态,构成广场的特征。参观者则与景观融合在一起,从各个角度和平面,人们可以主动观景,也可以成为被观看的景观,这样的融合会使他们异常兴奋。系列的第二个节点是柏蒂

柏蒂格罗夫公园

格罗夫公园(Pettigrove Park)。这是一个绿荫遮蔽的宁静场所,曲线的道路分割了一个个隆起的小丘,路边的座椅透出安详休闲的气氛。波特兰系列的最后一处演讲堂前庭广场(Auditorium Forecourt),是整个系列的高潮。混凝土块组成的方形广场的上方,一连串的清澈水流自上层开始以激流涌出,从宽24米、高5米的峭壁上笔直泻下,汇集到下方的水池中。爱悦广场的生气勃勃、柏蒂格罗夫公园的松弛宁静、演讲堂前庭广场的雄伟有力,三者之间形成了对比,并互为衬托。

这组景观所展现的,是哈普林对自然的独特理解:爱悦广场的不规则台地,是自然等高线的简化;广场上休闲廊的不规则屋顶,来自于对洛基山山脊线的印象;喷泉的水流轨迹,是他反复研究加州席尔拉山(High Sierras)山间溪流的结果,而演讲堂前庭广场的大瀑布,更是他对美国西部悬崖与台地的大胆联想。他依据自己对自然的体验来进行设计,将人工化了的自然要素插入环境。波特兰系列广场和绿地设计的成功,使哈普林声名远扬。

实例12 帕雷公园(Paley Park,1965—1968年)

设计:[美]罗伯特·泽恩(Robert Zion)①

帕雷公园是位于纽约曼哈顿东五十三街和第五大道街区之间的一小块设有咖啡座的现代城市休憩空间。该公园的基地是一个12.19米×30.48米的长方形,两条长边挨着摩天大楼,长方形的两端与繁华的街道相接。泽恩首先建造了一堵与两头街道平行的高墙,营造一个更易感受的空间。一道同墙体等宽的水幕从墙顶泻下,落入沿墙裙而筑的条形水池内。小水池四周是简洁的石阶,游人可坐于石阶上,倾听飞瀑的声响。水墙前的空地上错落种植了10棵优美挺拔的大树,两边楼群的墙上爬满常春藤,树荫下摆的是乳白的咖啡桌椅,咖啡座和人行道的交界处则安置两个巨大的碗形花钵作为公园入口的暗示。晚间,小园入口设有移动式拉门可关闭。整个环境静谧和谐,和曼哈顿喧闹的都市氛围构成了强烈的对比。

水幕

公园建成后得到了很好的利用,在此购物和工作的人们把它当成了一个安静愉悦的"休息室"。帕雷公园被一些设计师称为20世纪最有人情味的空间设计之一。

---

①美国景观设计师,他针对20世纪五六十年代西方发达国家城市环境破坏严重的情况,提出建造一些小型城市空间——袖珍公园的构想,很快受到公众的欢迎。其他代表作品有:纽约IBM世界总部花园、纽约现代艺术馆雕塑公园、辛辛那提滨河公园等。

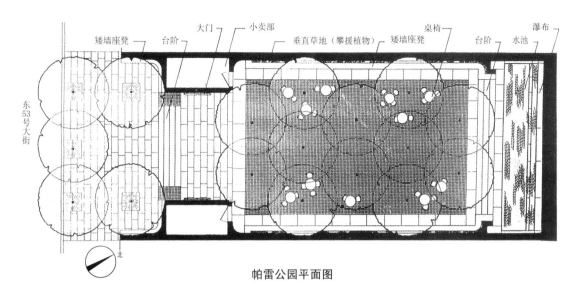

矮墙座凳　台阶　大门　小卖部　垂直草地（攀援植物）　矮墙座凳　桌椅　台阶　水池　瀑布

东53号大街

北

帕雷公园平面图

帕雷公园剖面图

帕雷公园

实例 13　西雅图煤气厂公园(Seattle Gas Works Park,1970 年)

设计:[美]理查德·哈格(Richard Haag)①

　　该公园位于西雅图市联合湖北岸,占地 8 万平方米。基地原先为荒弃的煤气厂,地面大面积受到污染,而且煤气厂杂乱无章的各种设备,极大地影响了西雅图港口的滨水景观。1970年,理查德·哈格事务所接受总体规划任务,哈格充分尊重基地原有的特征,提出的方案保留原有的油库厂房设施,加以维修和改造使之成为具有教育意义的纪念性建筑体,并且可以用此创造别具一格的游乐空间。

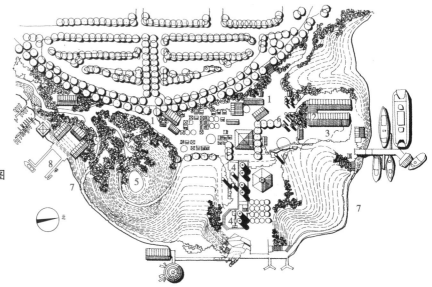

西雅图煤气厂公园平面图

1. 入口
2. 游戏库房
3. 室外游戏场
4. 制气塔
5. 日晷广场
6. 制气厂旧设备
7. 联合湖
8. 园外码头

公园中保留的各种工厂设备

日晷广场

---

①美国最具代表性的风景园林大师之一。其作品避免了以往过于美化自然的做法,注重园林与生态之间的关联,用自然主义手法传达出大量的历史、文化、情感信息,从而创造出独特的景观形态。其他代表作品有:班布里奇岛布洛德保护区(The Bloedel Reserve on Bainbridge Island)等。

公园及其周边湖面与城市环境

西雅图煤气厂公园

　　公园建设初期主要是铲除严重污染的表土和去除严重损坏的管道与制气设备。表土铲除后,从附近调进无污染的土壤。之后,哈格将整个区域地形进行了再造。保留下来的巨大油塔矗立在沿湖的斜坡上,油塔内部经过整修,成为展览厅。在油塔顶部设有眺望台,可以鸟瞰整个西雅图市景。岛的东北角新建了若干个谷仓形状的建筑,用以堆放被废弃的机器设备,建筑四周环绕着大片的野营用地。公园西部有一高15米的土山丘,丘顶为一大日晷,这是园中最受欢迎的地方,游人可在此登高远眺城市景色,也是城市中市民放风筝的理想地。煤气厂公园最主要的景观是一组裂化塔,深色的塔身锈迹斑斑,表明工厂的历史;旁边一组涂了明亮的红色、桔黄色、蓝色、紫色的压缩塔和蒸汽机组,可供游人攀爬与玩耍。

　　该设计没有囿于传统公园的风格与形式,充分发掘和保存基地特色,以少胜多,巧妙地简化了设计,节省了费用。这一设计思路对后来的各种类型旧工厂改造成公园或公共游憩设施的设计产生了很大的影响。

实例14　新奥尔良市意大利广场(Plazza D'Italia of New Orleans,1974 年)

设计:[美]摩尔·佩雷斯设计公司(More Peres Associates),劳·菲尔森(Ron Filson)

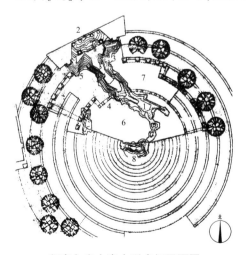

新奥尔良市意大利广场平面图

1.意大利半岛　2.阿尔卑斯大楼　3.波河
4.台伯河　5.阿尔诺河　6.蒂勒尼安海
7.亚德里亚海　8.西西里岛

柱廊

意大利广场位于新奥尔良市老城中心商业工业区,是该市意大利后裔们怀念祖国、显示传统的象征。广场所在的街区只有三座建筑,广场位于街区中心,由三个放射状的入口与东、西、南向三条大街相连。其中的一个入口是罗马拱门,另一处为铁制仿罗马庙宇造型的亭子构架。

意大利广场平面为圆形,中心部分开敞,北侧有一"祭台",祭台两侧有数条由柱子与檐部组成的弧形"柱廊"。广场前后错落,高低不等,广场像舞台,"柱廊"是舞台布景。这些"柱

广场

廊"上的柱子分别采用不同的罗马柱式,"祭台"带有拱券。这些柱头、拱券、柱顶被漆上各种鲜亮的颜色,还有的用不锈钢包裹。夜晚,"柱廊"轮廓被闪烁的霓虹彩灯勾勒出来。

广场鸟瞰图

意大利版图的铺装

广场下部台阶呈不规则形,前面有一片浅水池。广场地面以浅色花岗岩铺砌,同时以深色石块铺出同心圆条纹,形成规整的放射性图案。广场一角长24.4米的部分地段凸出水面,按意大利地形不同的等高线设计成意大利版图形状,西西里岛恰在圆心位置,由卵石、板石、大理石和镜面瓷砖砌筑,以意大利盛产的白色大理石嵌边。凸出水面的"意大利半岛"北面最高处有流水溢出,象征意大利的三大河流:波河、台伯河与阿尔诺河,最后注入大海。大海的中央浮动着西西里岛,因为附近居民多数与西西里岛有关。

水是整个广场最活跃的要素,喷泉的方式和处理手法更是多种多样,它是广场上的流动雕塑,增加了广场的动感和欢快气氛。其中有两股水由人头雕像的口中喷出,雕像是一对摩尔的人头。

意大利广场别具一格的设计,在诠释意大利文化的同时,对新移民文化做了大胆的剖析,是典型的后现代主义设计作品。

实例 15　华盛顿越战军人纪念碑(Vietnam Veterans Memorial,1982 年)

设计:[美]林缨(Maya Lin)①

　　该纪念碑位于华盛顿政治中心区的西波托马克公园中,坐落在一块洼陷坡地上。纪念碑本身是一道挡土墙,向下切割 3 米深,东西各长 6 米,夹角约 132 度,一个等腰三角形,其底边与草地取平,微微向前倾斜直至相交于等腰三角形顶点下 3 米深处,形成一块微微下陷的三角地。它好像从人身上切割了一块肉一样,象征着战争中所受的创伤。

纪念碑与地形的关系

纪念碑的镜面效果

伸向林肯纪念堂的一翼

　　纪念碑表面是黑色磨光花岗石,140 块墙板上面刻有 57 692 位越战阵亡的军人姓名。这些姓名都一般大小,每个字母高 1.34 厘米,深 0.09 厘米。碑体镜子般的效果反射了周围的树木、草地、山脉和参观者的脸,让人感到一种刻骨铭心的义务和责任。

　　V 字形两翼分别指向林肯纪念堂和华盛顿纪念碑,通过借景让人们时时感受到纪念碑与这两座象征国家的纪念建筑之间密切的联系。后者在天空的映衬下显得高耸而又端庄,前者则伸入大地之中绵延而哀伤,场所的寓意贴切、深刻。

　　越战军人纪念碑是"大地艺术"与现代公共景观设计结合的优秀代表作品。

---

①著名美籍华裔建筑师,其作品注重与环境的紧密联系,往往从现状场地中获取线索,以此来确定作品的品质和特征,并努力创造新的场所感或者场地结构,景观通常成为作品中不可或缺的组成部分。其他代表作品有:民权运动纪念碑(Civil flights Memorial)、耶鲁大学"女子桌"(Women's Table)、美洲华人博物馆(The Museum of Chinese in America)等。

实例 16 泰纳喷泉(Tanner Fountain,1984 年)

设计:[美]彼得·沃克(Peter Walker)①

泰纳喷泉位于哈佛大学一个被建筑、构筑物、围栏所包围的步行路交叉口。沃克的设计概念是利用新英格兰地区的材料,创造一件能够反映太阳每天运动及变更的艺术品。

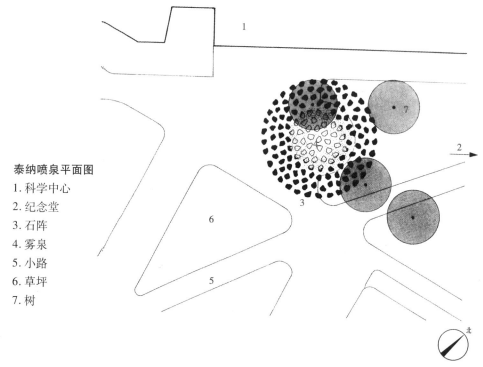

泰纳喷泉平面图
1. 科学中心
2. 纪念堂
3. 石阵
4. 雾泉
5. 小路
6. 草坪
7. 树

北

泰纳喷泉

石阵和雾泉

----

①1932 出生于美国加州,是将极简主义艺术风格运用到景观设计中的代表人物。他的作品注重人与环境的交流,人类和地球、宇宙神秘事物的联系,隐喻巨大的力量,强调大自然的特性。其他代表作品有:福特·沃斯市伯纳特公园(Burnett Park, Fort Worth, Texas)、日本兵库县高科技中心(Center for the Advanced Science & Technology, Hyogo Prefecture, Japan)、IBM 研究中心园区、慕尼黑机场凯宾斯基酒店(Hotel Kempinski)景观等。

159 块大石以不规则的方式安放在一个直径为 18.3 米的圆中。每块巨石约为 1.2 米 ×0.6 米 ×0.6 米。这些石块压在草地和沥青路面上,相互交错,不断改变着场所的质地与色彩。在石头圈中心,有一个直径 6 米,高 1.2 米的水雾。这些水雾由五个同心圆环状排列的喷嘴喷出的细小水珠组成。在春夏秋三季喷嘴喷射出的水雾,像云一样盘旋在石头上。水雾的景观取决于太阳和观者间的位置关系,有时在水雾中会出现彩虹,偶尔也会出现闪亮的小水滴。巨石由沃克精心加以安排以允许游客进入并穿越这迷雾。这里地表没有水池,落入地面的水迅速流入集水坑中。冬季,当温度降到零度以下时,循环水系统关闭。从哈佛大学中央供热系统提供的蒸汽将这些石头完全笼罩着。这些蒸汽仅仅从一圈喷嘴中喷出,它看上去比水雾更加短暂,漂浮在空中造成一种神秘的感觉。

泰纳喷泉是一个休憩和聚会的场所,并同时作为一个儿童探索的空间及吸引步行者停留和欣赏的景点,让人们进入并参与其中。它同时也是一个向外的空间,和地球相联系起来,表达出原始的美感和诗意。作为一个神秘的景观,这里放置的石头、闪烁的迷雾、反射的灯光、若隐若现的物体,都反映了一个生动、神秘而强有力的空间。沃克利用简洁的形象和秩序化的景观,创造出了一个拥有丰富体验的环境。

实例 17 德克萨斯州威廉斯广场(Williams Square,1985 年)

设计:[美]SWA 设计公司,格莱恩(R. Glen)

威廉斯广场远景

该广场位于欧文(Irving)城郊一个新开发区的中心,是一个构思新颖、别具特色的现代城市广场。广场上一群奔腾咆哮的野马群雕给人以深刻的印象,其艺术构思来自一位颇有见识的业主。他认为野马象征着这一新大陆的开拓,只有早期的开拓者才目睹过大草原上野马群疾驰而过的壮丽景象。

雕塑家研究了有关马的大量解剖资料,将雕塑制作得生动逼真、惟妙惟肖。为了与广场的尺度(100 米 ×100 米)相吻合,马的雕塑比真马放大了 0.5 倍。雕塑制成后,经过多次试放才确定了其在广场上的位置。然后用喷泉模拟马踩踏水面时水花四溅的景象,使得整个马群形象生动,颇似从远方的大草原上奔来的一群骏马。广场的场地设计则运用了抽象原则,用开阔的场地象征德克萨斯州无边无际的大草原。花岗石的铺地色彩做了变化,用来象征草原被水冲刷后所裸露出来的地面,铺地色彩有细微的变化,避免大面积铺地的单调感。围合广场的 3 栋高层建筑,作为雕塑的背景进行设计,其立面处理得简洁朴实,以免建筑物喧宾夺主,从而突出野马雕塑这一主题。广场周围种植了树木,设置了座椅,供市民观赏和休息。

威廉斯广场是建筑师、雕塑家与景观设计师三者通力合作的成功作品。

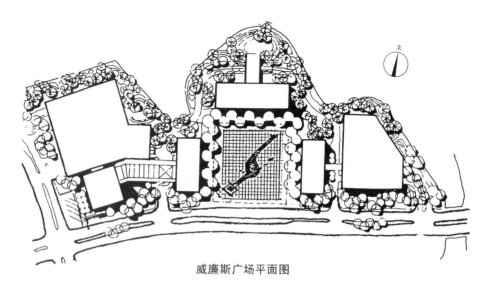

威廉斯广场平面图

威廉斯广场鸟瞰

群马雕塑

实例 18　里约购物中心庭院(RIO Shopping Center,1988 年)

设计:[美]玛莎·施瓦茨(Martha Schwartz)①

　　里约购物中心紧临亚特兰大市中心一块尚待开发的商业新区。这个 U 形的购物中心建筑分上、下两层,底层在街道平面下 3 米,左右两侧缓缓倾斜的步行扶梯通向街道,底层大厅的后半部是直通二层楼顶的开阔空间。玛莎·施瓦茨的设计空间是 U 形建筑围成的一块中间空地,设计的主旨是创造一个生动活泼的空间以吸引过往游人的注意力,并使购物中心满足顾客在视觉、听觉以及娱乐等多方面的享受。

　　长条形庭院被分为三部分,前 1/3 是连接街道与庭院的由草地带和砾石带间隔铺装的坡地,高 12 米的钢网架构成的球体放置在斜坡的下部,作为庭院中的视觉中心,划分着街道和庭院不同的空间,也成为从街道看庭院的主要景物,将行人的视线引入庭院。院子中间的 1/3 是水池,黑色的池底上用光纤条画出一些等距的白色平行线,光纤条在夜晚可放出条状的光芒。

---

①当代美国著名的风景园林设计师。她的设计充满了借鉴以及世俗的和图示化符号,具有多元性的魅力。其他代表作品有:面包圈花园、西雅图监狱庭院、加州科莫思城堡、迈阿密国际机场隔音壁、纽约亚克博·亚维茨广场等。

一个黑白相间的步行桥与水池斜交着,漂浮于水面之上,连接水池两侧建筑一层的回廊。步行桥上方一座黑色螺旋柱支撑的红色天桥以反方向与水池斜交,联系建筑的二层内廊。后面的1/3是屋顶覆盖下的斜置于水池之上的方形咖啡平台,平台铺装的图案有强烈的构成效果,色彩也非常大胆。这里是歇息、聚会的场所,玻璃电梯联系建筑的两层,一片竹丛穿过屋顶上的圆洞指向天空。最引起争议的是施瓦茨在整个庭院中呈阵列放置了300多个镀金的青蛙,有的在斜坡草地或砾石上,有的漂浮在水面上,这些青蛙的面部都对着坡地上的钢网架球,仿佛在祈祷又好似在表示致敬,给整个空间平添宗教神秘主义色彩。

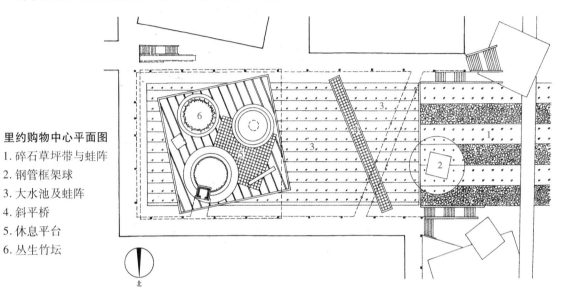

里约购物中心平面图

1. 碎石草坪带与蛙阵
2. 钢管框架球
3. 大水池及蛙阵
4. 斜平桥
5. 休息平台
6. 丛生竹坛

北

钢管框架球

大水池及蛙阵

该设计以理性的几何形状如方形、矩形和圆形组织构图,互相错位重叠,用夸张的色彩、冰冷的材料创造出欢快而奇特的视觉环境,是施瓦茨最具影响的作品之一。

平台铺装　　　　　　　　　　　　　　休息平台

实例19　圣·何塞广场公园(San Jose Plaza Park,1988年)

设计：[美]乔治·哈格里夫斯（George Hargreaves）①

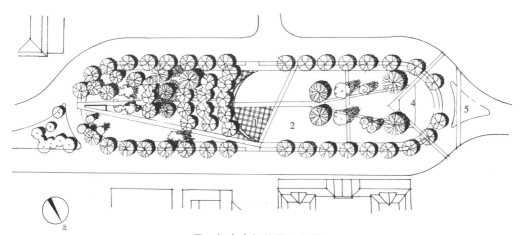

圣·何塞广场公园平面图

1.旱喷泉小广场　2.大草坪　3.小树丛　4.露天小舞台　5.安全岛

----

①美国风景园林大师，他的作品将文化与自然、大地与人类联系在一起，是一个动态的、开放的系统，表达了他独特的设计哲学。其他设计作品有：拜斯比公园（Byxbee Park）、烛台角文化公园（Gandlestick Point Cultural Park）、路易斯维尔市（Louisville）河滨公园、悉尼奥林匹克公园公共区域景观等。

圣·何塞广场公园位于城市中心,占地约1.4万平方米。该公园原是一个巨大的交通岛,四周围绕着艺术博物馆、旅馆、会议中心等重要的公共建筑。哈格里夫斯的设计满足了不同的功能,同时蕴含着深刻的寓意。

圣·何塞广场公园呈长椭圆形,公园两面有一个三角形的安全岛,哈格里夫斯沿场地东西长轴设计了一条宽阔的步行道,并沿路边放置维多利亚风格的灯柱和旧式木椅。主路延伸至公园东部尽端,分成两条成锐角的斜路,将人流向南北两个方向分流。由此形成的一块三角形硬质场地被作为公共演出的平台,以栽植的树木强调边界。在公园中部,一个新月形的斜坡花境将场地自然分割,并用

旱喷泉小广场

坡道和台阶加以过渡,产生柔和而生动的高差变化。台阶的下面,一边是开敞的草地,一边是方格铺装的一个1/4圆形的旱地喷泉广场。广场上呈方格网状排列着22个动态喷泉。喷泉由程序控制,早上呈雾状,然后逐渐由矮喷柱变为较高的水柱后再循环。夜晚,铺装分格带下安装的灯光照亮水柱。旱地喷泉不仅供人观赏,还可以吸引人们,尤其是儿童喜欢在水柱中嬉水。公园西半部种植了不少开花的果树,栽种方式与中部新月形线型相呼应。

公园中部的大草坪

哈格里夫斯坚持整个设计应表达城市的历史和文化特色,喷泉隐喻19世纪初在公园附近挖掘出水井的历史;白天喷泉由雾状至柱形造型变化记录了圣·何塞市历史上山洪暴发事件,夜景暗示了硅谷地区由农业转向高科技产业的繁荣景象;果园的设计则再现了两次战争期间周围果木农场丰收景象。

东端园景

广场公园鸟瞰图

实例20　珀欣广场(Pershing Square,1994年)

设计:[墨西哥]里卡多·莱戈雷塔·比利切斯(Ricardo Legorreta Vilchis)①

　　　[美]劳瑞尔·欧林(Laurie Olin)

珀欣广场位于洛杉矶第五、六街之间,是市中心建造年代最早的广场之一。1866—1950年,珀欣广场先后经历了数次重新设计及易名。20世纪50年代,改建成地下停车场,车库顶部为一个公园,七八十年代逐渐破败,而今天的广场是1994年版本。

广场呈长方形,中心区域轴线明显。沿轴线两侧安排小空间并通过塑造丰富的空间立面及平面形态打破对称的布局,使广场庄重而不呆板,既与城市格局相协调又充满活力。广场北部为设有2 000多个座位的罗马式圆形露天剧场,铺地以草皮为主,并在草坪中设置折线形的矮墙座凳,为人们提供休憩或阅读的安静处所。与露天剧场相对的是位于广场南部的一座圆形大水池。池岸由卵石铺砌,坡度平缓,沿池边设有三段弧形矮墙座凳,适宜行人休息观赏。从高空跌入水池的水流来自广场东部的一座高18米的紫色高塔,它实际上是地下建筑的通风口。高塔顶部的开口中嵌入一个醒目的球体,它和散落在广场平面上的其他几个球体一样,均为石榴籽的颜色。水流经高塔南侧紫色景墙顶部的高架水道,注入平静的水池,激起水花打破广场的沉静。紫色景墙在引水入池的同时也完成了广场局部空间的界定。高耸的巨塔与开阔的广场空间形成鲜明对比,

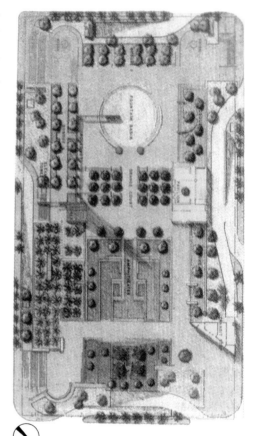

珀欣广场平面图

----

①深受巴拉干的影响,尊重景观场址的历史文脉元素的挖掘和表达,强调运用反映墨西哥地域文化的元素和符号进行设计,其他代表作品有:Pershing Square、Texas西湖公园主题规划和部分建筑环境景观设计等。

进而成为该地区的地标性建筑物。咖啡厅位于广场西部,造型简洁,外墙为鲜亮黄色。其色彩的处理与珀欣广场的整体用色,如土黄、橘黄、紫色、石榴红等色彩元素一样,充分体现了洛杉矶这个多民族聚居的城市的历史特点。广场种植设计简朴,大多采用当地树种,呈规则对称排列。

紫色高塔　　　　　　　　　　　　以水池为中心轴线的对称设计

珀欣广场鸟瞰图　　　　　　　　　　水池波纹隐喻城市的特征

　　广场的许多细节设计隐喻了城市的自然地理与历史文脉。一条由广场西南角入口延伸向圆形水池的曲折的地震“断层线”,以象征洛杉矶是个多震灾的城市;广场上水磨石子的铺地为南加州夜空常见的星座图案;广场中的三个地球望远镜各自代表着珀欣广场的三个历史时期;而广场上种植的一片橘树林,则表达了对基地附近林地的怀念。

　　珀欣广场个性鲜明、重点突出,富有新鲜感与包容性。通过设计师对城市广场的艺术化解读和规划布局,巧妙而微观地再现了城市的自身特征,使之成为一处极具历史纪念意义的现代公共景观。

实例 21　冬园——尼亚加拉瀑布(Winter Garden-Nigara Falls)

设计:[美]保罗·弗里德伯格(Paul Friedberg)

　　尼亚加拉瀑布是位于加拿大安大略省和美国纽约州交界处的著名旅游胜地。冬园的兴建是为了保证冬天吸引更多的游客到这里观光。其主体部分是长53米、宽47米的一个温室建筑。这个玻璃钢架结构建筑由著名的建筑师西萨·佩里(Cesar Pelli)设计。保罗·弗里德伯格负责整个建筑的室内外环境设计,尤其是设计一个室内具有亚热带气候特征,将用于展览和表演等活动的园子。

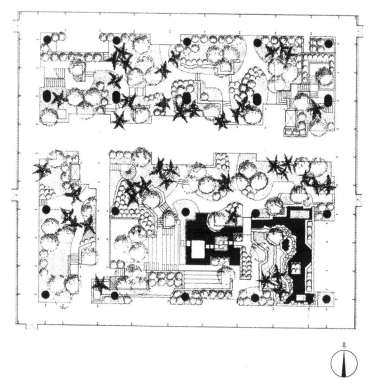

温室平面图

温室

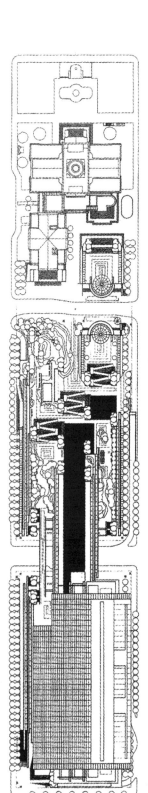

冬园平面图

冬园剖面图

建筑体东部广场设计相对规则。广场南北两侧各种植两行红枫和梨树。春、秋季盛开的花朵将广场点缀得更富生机。西部广场则呈不规则状,一条曲折的小径将整个广场切割成几个空间以满足不同功能,如儿童游乐场、露天茶座。植物散落种植,和东部广场形成迥然不同的氛围。

建筑内部的亚热带景观园被一条砖石通道分成南北两部分。通道两侧设有座椅,游人可以坐在长椅上观赏休息。座椅紧挨着的绿色植物墙,在空间上则起了软性隔离作用。

景观园的西北角是一个"旱园"。沙土覆盖的地面使人联想到旱地的沙漠景观。园内大都选用抗旱的植物,景观园的东南角则被设计成岩石园,水从岩石堆上潺潺落入水池。池岸曲折有致,沿岸多植有枝干矮小的高山植被。水池西侧有一个小岛,是人们聚会、演讲及表演的

温室内景

主要场所,小岛与陆地有步石相连。景观园余下的部分则是亚热带和热带植物的展示区。丰富的地形设计和动植物种类,使人犹如身临热带丛林,留连忘返。

自20世纪初以来,大型的温室设计曾一度盛行,但就作品的规模和复杂性而言,都无法与尼亚加拉瀑布的冬园媲美。

3.2 墨西哥

实例1 拉斯·阿普勒达斯景观住区
（Las Arboledas Residential Areas,1958—1961年）

设计:[墨西哥]路易斯·巴拉干(Luis Barragán)①

该景观住区位于一个昔日的牧场上,是巴拉干与合伙人共同购置土地、共同开发设计的一个马术运动爱好者的住区、一个法国人开办的马术学校以及马术运动所需的外部空间环境。除

---

①路易斯·巴拉干(1902—1988),20世纪著名建筑大师,他的作品不但具有现代主义的特征,同时又表现出浓郁的地域特色,体现了独特的设计思想。其他代表作品有:巴拉干公寓(Casa Luis Barragan)、吉拉弟公寓(Casa Gilardi)、圣·克里斯特博马厩与别墅等。1980年,获得普里茨克建筑奖。

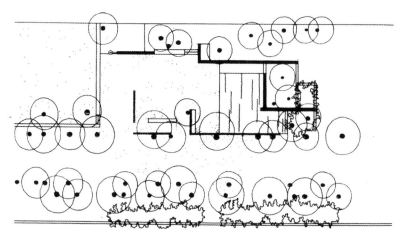

叮咚泉广场平面图

入口处的红墙

了道路、庭园、喷泉、小径等基础设施的设计规划外，巴拉干还设计了著名的红墙、叮咚泉广场和饮马槽广场等景观小品及建筑。

近百米长的红墙位于住区入口处，中段有意下斜，预示着红墙消失在远方的地平线上。绒质感的红墙遮挡了观赏视线，引导景观沿林荫道逐步展开。

在为骑手而建的由桉树形成的林荫道旁，巴拉干设计了一个名为叮咚泉的广场。广场上喷水以大树和幼树构成的栅栏为背景，泉水涌入位于下面的镜子般明净的矩形水池，水池一角有一个出水口，清澈的泉水喷涌而出，时刻陪伴着林荫道上的骑手。

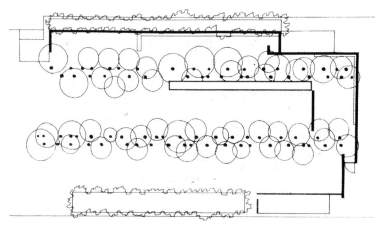

饮马槽广场平面图

在林荫道的尽头是饮马槽广场，巨大的矩形水池像一面镜子，反射出林荫道两旁的景致，水池尽端一堵纯净简单的白墙在绿荫的衬托下标志着地界。这个水池实际上是饮马池，其构思来源于牧场上的牲畜饮水池和水渠。

巴拉干在该作品中建立了理性与感性、建筑与自然之间的良好联系。

饮马槽广场的水池　　　　　　　　　　叮咚泉

实例2　墨西哥城新遗址公园(New Mexico City New Park)

设计:格鲁波·德·迪桑诺·厄尔巴诺(Grupo de diseno Urbano)

该公园位于墨西哥城居民最多的西北区,占地30万平方米。公园发挥着缅怀墨西哥的河谷文化和供市民游乐休憩、举行大型户外活动的双重功能。

公园的所在地曾是12个当地土著居民的部落旧址,所有部落都依傍园内的5个湖泊而建。根据深入细致的历史研究和文化溯源,该设计最大限度地对历史原貌进行了创造性重塑。整个湖区的设计基本参考历史上的五个湖泊的形状和分布。湖中建有一岛,象征特若切蒂兰岛——墨西哥城的发源地。湖区四周种植茂密的常绿树林,湖水来源于附近居民区的循环用水系统。

新遗址公园有若干个入口,主入口位于东北角。一条笔直的大道将游人从入口引向喷泉广场,放射性小道以喷泉广场为中心,通向公园四面八方的各个景点。沿东南方向的小路两侧分别是玫瑰花园和室外雕塑群。南边的入口紧挨着苗圃,主入口处的另一条主路则经过儿童游戏区,球场则环绕湖体设计,在道路的一侧建有露天戏台,观众席设在公园最高的山丘上。湖的北端建有凉亭,是供游人休息、静坐的主要场所。公园西北角被开辟成球类运动场地,运动场北端建有体育馆。

在遗址公园的各个小广场上都立碑,刻写了一段墨西哥城的发展历史。对遗址景点则设方尖碑,介绍15世纪时的原址状貌和历史变迁。

墨西哥遗址公园在设计上沿袭了19世纪帕克斯顿和奥姆斯特德等的公园设计手法。设计师在仔细研究原址的自然地貌特征之余,更准确全面地了解了该地区的文化背景和历史变迁,并在设计中得以体现。

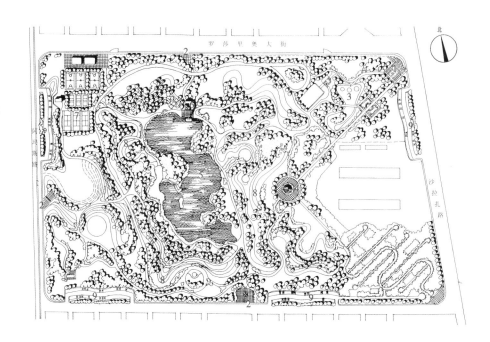

墨西哥城新遗址
公园平面图

1. 公园主入口
2. 公园次入口
3. 游戏场
4. 喷泉入场
5. 人工湖
6. 餐厅
7. 球场区
8. 人造地形
9. 停车场

中心区人工湖景色

园中建筑及环境

公园鸟瞰图

人工地形

3.3 加拿大

实例1 布查特花园(Butchart Gardens,1904 年)

设计:[英]珍妮·布查特(Jennie Butchart)

[日]伊三郎岸田(Isaburo Kishida)

布查特花园位于温哥华岛维多利亚市区北 21 千米处,占地 22 万平方米,为源于英国苏格兰的布查特家族所有。它以奇异的花草树木、高超的造园艺术位居加拿大花园之首,同时也是北美最具知名度的历史性花园之一。

花园的建设最初形成于布查特夫人着手美化的废弃矿坑。在以后的 110 年时间里,布查特花园经过四代人的辛勤努力不断扩大,如今修缮整齐的草坪和小径连接着五个主要园区——下沉花园、玫瑰园、日本园、意大利园和地中海园。

下沉花园是整个花园最早形成的部分,也是最引人入胜的部分。由于这里以前是矿坑,位于地面 15 米以下且土壤严重缺水,所以布查特夫妇二人首先对原有的地形进行了恢复和整理,然后在裸露的岩石上种植草坪和浅根系花卉,局部土壤厚的地方种植柏树、槭树和紫叶欧洲山毛榉。该花园主要采用花境设计的手法,大量种植色彩鲜艳的宿根花卉并结合时令花卉,而远处自然生长的林木为这些鲜艳的植物提供了一个深色的天然背景。周围的高差和边坡正好为花境设计提供了自然的地形。

布查特花园平面图

1.入口	2.水轮广场	3.罗斯喷泉	4.下沉花园	5.音乐会草坪及舞台
6.烟花观赏区	7.小喷泉	8.玫瑰园	9.鲟鱼喷泉	10.日本园
11.码头	12.星池	13.意大利园	14.小广场	15.地中海园

日本园

下沉花园

星池

鲟鱼喷泉

意大利园

罗斯喷泉位于采矿坑的底处。喷泉的水池四周保留了原有的石壁和历史上挖掘过的天然石材的肌理,与下沉花园的石壁处理形成了鲜明的对比。水池上方是自然的岩石和茂密的林地,林地主要由云杉属植物和落叶的槭树类植物组成。

日本园主要模仿日本古典园林中的回游式庭园,由日本设计师伊三郎岸田设计。园中随处可见日本古典园林的造景元素,如石灯笼、红色的小桥、飞石汀步等。除此之外还有明治维新以来,受到西方古典园林影响而出现的大量修建式的植物种植。

由网球场改建的意大利花园,在形式上模仿了文艺复兴时期的台地园,按古罗马宫苑进行设计。整个花园为对称的图案式结构,笔直的林荫道构成主轴线,周边是修剪整齐的柏树树墙和绿篱。设计师在规则的水池中布置各种颜色的睡莲和旱伞草等水生花卉,周围饰以银叶菊、矮牵牛、狼尾草等各色花卉。其中有一个星形喷水池,名为星池,原是为饲养观赏鸭而设计的,造景十分别致。

布查特花园遵循自然的建造模式,最大限度地保留其原有的场地形态,通过植物种类的选择和运用不同的栽植形式配合特色小品,营造出不同风格的花园景观,为地形设计及植物选择方面提供了借鉴思路。

实例2　罗勃森广场（Robinson Square）

设计：[加拿大]亚瑟·埃里克森建筑事务所（Arthur Erickson Architects）

　　罗勃森广场是温哥华市中心的一个大型广场,整个区域占据了三个街区。建筑群包括政府办公楼、电影院、展览厅等,其中艺术展览馆几乎覆盖了最北的一个街区;法院大楼则占据了南边的街区;中间街区是一个以小型多功能广场为主的公众休息、游乐场所。

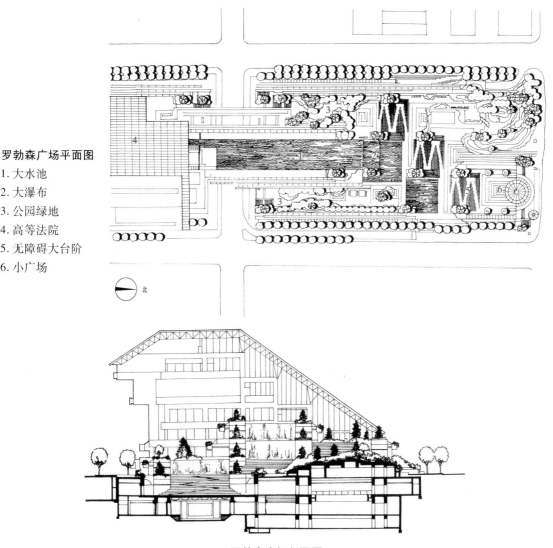

罗勃森广场平面图

1. 大水池
2. 大瀑布
3. 公园绿地
4. 高等法院
5. 无障碍大台阶
6. 小广场

罗勃森广场剖面图

　　新古典主义风格的法院大楼高七层,整个建筑呈阶梯式。每一层都种植各式花灌木。建筑北部通过跨街大桥可走入中部街区大楼的屋顶花园。屋顶花园的中央部分是一个近100米长的跌落水池,水流沿屋顶边缘层层跌落到地面。水池四周种植规则式排列乔灌木,在树下大都设有休息座凳。从中部的活动广场可以沿着蜿蜒的大台阶走上屋顶花园。满足无障碍设计要求的斜坡道和台阶相互交错,成为公园一大特色。中部小型广场被分割成无序状态,意在丰富空间功能层次感。从广场的地下通道可以通往北部街区,设计师在两个地下通道口处对称设计了穹窿形的顶棚。北部和中部的广场也是对称设计，尤其是广场中心各立有十六七米高的三角形柱架作为广场标志，两边的小广场则是游客主要休息停留的空间。广场在植物配置上考虑季节变化，搭配种植松树、无花果、桃树、水木以及竹子等，在各个不同水平高度上，植物颜色、树种相应变化配置。

该设计通过建筑屋顶形成的台地、台阶、大瀑布与水池、花丛树林、各种大小空间，呈现了一种整体化设计思想，是建筑与园林环境相互穿插、渗透和补充的完美体现。

斜坡道和台阶

屋顶上的水池与瀑布

设有无障碍坡道的大台阶

实例3　海滨聚石园（Granite Assemblage）

设计：唐·弗汉（Don Vaughan）

海滨聚石园位于温哥华市西部海港第十四号大街南端，北面与阿基那大道棚接，南面为伸向海面的老轮渡售票处。为了防止潮汐与冬季风暴的侵袭及保护岸带，聚石园东西两侧的沿海湾步道靠海一侧设置了碎块花岗岩堆成的防波堤。由于考虑到该地段处于滨海道路节点这一重要的位置，以及了解到周围居民对多少有点杂乱的防波堤流露出的不满，设计师唐·弗汉通过人工潮汐池和石组，着重处理了水岸及防波堤两个方面的设置。

防波堤景观

由于海岸潮汐的涨落，位于园内的水面难以控制，弗汉在视线重心设计了一个水面抬升的人工潮汐池。当潮汐涌上来时，水池与大海连成一体，成为人们嬉潮的去处。而退潮后，人工池中仍充盈一池海水，使人们仍能回想起涨潮时的情景。聚石园的大部分石块都错落有致地布置在水面较高的人工潮汐池中，石块为立方体与长方体花岗岩，表面粗糙，呈自然状，布置摆放经过精心思考，疏密相间，有明显秩序感。靠近路一侧的三块石块顶面抛光下凹，为小涌泉。另两块石块表面部分抛光处理，与粗糙表面的石块在质感上形成了强烈的对比。除了抛光处理外，有的石块粗糙表面留了一些排列整齐的凿痕，粗犷中有精细。平坦展开的石组与周边防波堤的形式、特征相呼应。为了增加两者之间的联系，特意在防波堤中设置了几块规整的立方块花岗岩来过渡。设计师采用石组的形式较好地解决了防波堤功能与美学相统一的问题。

整个聚石园的设计，简洁中蕴含着秩序与寓意。平静的池水倒映着石块与蓝天，在都市与大海之间创造了一片静谧。

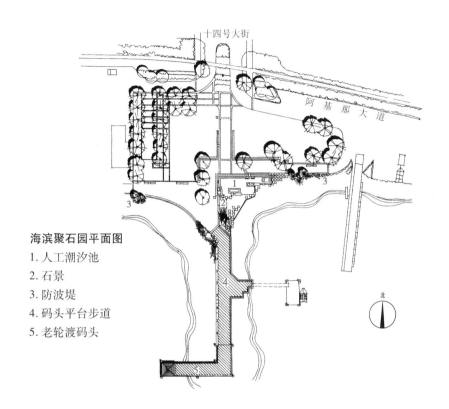

海滨聚石园平面图

1. 人工潮汐池
2. 石景
3. 防波堤
4. 码头平台步道
5. 老轮渡码头

池中石块与小喷泉

人工潮汐池中的石景与环境

3.4 巴 西

实例 里约热内卢滨海开发项目(Rio de Janeiro Sea Front,1954—1970 年)
设计:[巴西]罗伯特·布雷·马克斯(Roberto Burle Marx)①

整个开发项目包括弗拉门哥公园(Flamengo Park)、现代艺术博物馆(The Museum of Modern Art)和柯帕卡帕那海滨大道(Aterro de Copacapana)的景观设计。

建筑与水的融合

现代艺术博物馆景观

柯帕卡帕那海滨大道

高低错落的种植池

---

①罗伯特·布雷·马克斯(1909—1994),20 世纪杰出的艺术家和园林设计大师。他运用现代艺术语言与巴西当地植物材料,创造出了风格独特的园林作品,对现代园林的发展产生了深远影响。其他代表作品有:教育卫生部大楼屋顶花园、芒太罗花园、达·拉格阿医院园林设计、外交部大楼环境设计等。

弗拉门哥公园（Flamengo Park）始建于1954年，是一个水边公园，树种大量选择了巴西当地的热带品种。现代艺术博物馆的园林设计工作也于1954年开始。马克斯受日本禅宗园林启发，设计了几组石柱，每组花岗岩石柱的数目和尺寸都不相同。博物馆周围设计了高低错落的正方形和矩形的种植池，栽植着各种植物材料，它们有着色彩、形式、高矮和质感的对比，有的池内布置着卵石，这是他独到的用石方法。他还在其中一块上设计出了双色曲线草坪，图案生动流畅。1970年，马克斯设计了柯帕卡帕那海滨大道。他

弗拉门哥公园

用当地棕、黑、白三色马赛克在人行道上铺出精彩图案，这些用线造型的图案是对巴西地形的抽象和隐喻，每块图案都不雷同，没有单调乏味之感。海边的步行道用黑白两色铺成具有葡萄牙传统风格的波纹状。人行道上的树三五棵成组间隔种植，下面设有座凳等休息设施，形成阴凉的休息空间。在这个设计里，马克斯用传统的马赛克将抽象绘画艺术表现得淋漓尽致。

4 其 他

4.1 古埃及

实例 1 阿美诺菲斯三世大臣宅园
(Garden of Amenophis III's Minister, 公元前 14 世纪)

该宅园坐落在河流边,周围环以厚重的高墙,起到防护及隔热的作用。宅园为对称式,入口大门称为塔门(Pylon),临河布置在中轴线上,造型华丽,两侧各有一扇小门通向庭院。住宅建筑位于园子的中后部,从两侧藤架式园门进入,像很多埃及房屋一样,有一前厅,下边是三个房间,上边还有一层。从河水引水注满园内 4 个矩形水池,水中种荷,并有鸭在游动,埃及榕、棕榈行列式间植在园边。利用矮墙将全园分隔成几个小园,住宅前方、左右各有一凉亭(Kiosk),笼罩在树影之中。小园内还种有刺槐、无花果、埃及榕和棕榈等。

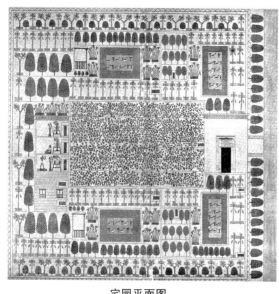

宅园平面图

复原鸟瞰图

实例 2 卡纳克阿蒙神庙
(Great Temple of Ammon, 公元前 1530—前 323 年)

阿蒙神庙位于卢克索镇北 5 千米处,是卡纳克神庙的主体部分,始建于公元前 1530 年,经过此后 1 300 多年的不断增修扩建,其面积约为 40 260 平方米,是古代埃及规模最大的神庙建筑。

　　神庙平面略呈梯形,规模大,主轴线明确,呈对称布局,有空间层次。它由位于中轴线上的大门、外庭、大厅、内庭和主神殿以及两侧的门庭、仪式用建筑和纪念性建筑组成。

　　古埃及神庙的大门是它的一大艺术重点。阿蒙神庙在中轴线上,设置了6道高大的大门,第一道大门最高大,高43.5米,宽113米,四周以6.1~9米的围墙护卫。

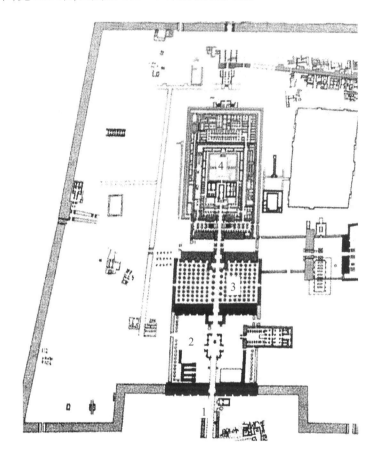

卡纳克阿蒙神庙平面图
1. 入口
2. 前院
3. 列柱大厅
4. 后院

神庙入口

列柱大厅

神庙雕像

神庙西北角的人工湖

在入口大门前的两列羊面兽身石雕后植树,同外围树木连接呼应;从入口进入外庭,在周围的柱廊前与高大雕像后,种植葵、椰树,起到烘托陪衬的作用。

主神殿是神庙的主体建筑,宽103米,进深52米,面积达5000平方米,内有16列共134根高大的石柱。中间两排12根柱高21米,直径3.6米,支撑着当中的平屋顶,两旁柱子较矮,高13米,直径2.7米。殿内石柱如林,仅以中部与两旁屋面高差形成的高侧窗采光,光线阴暗,形成了神秘压抑的气氛。

在神庙的西北角有一个长120米的人工湖,据推测为祭祀进行日常沐浴之所,同时也作为神庙饲养献祭鸟类的场所。

4.2 美索不达米亚

实例 巴比伦空中花园

(Babylon Hanging Garden,公元前604—前562年)

该园遗址位于现伊拉克巴格达城的郊区,是新巴比伦国王尼布甲尼撒二世(公元前604—前562年)为了安慰思乡的王妃而建。

空中花园平面图

1. 主入口
2. 客厅
3. 正殿
4. 空中花园
5. 入口庭院
6. 行政庭院
7. 正殿庭院
8. 王宫内庭院
9. 哈雷姆庭院

此园是在两排七间拱顶的房间上面建起的"悬空园"平台。最下层的方形底座边长约 140 米,最高台层距地面约 22.5 米。每一台层的外部边缘都有石砌的、带有拱券的外廊,其内有房间、洞府、浴室等;台层上覆土,种植树木花草,台层之间有阶梯联系。空中花园将地面或坡地种植发展为向高空发展,是人类造园的一个进步。采用的办法是,在砖砌拱上铺砖,再铺铅板,在铅板上铺土,形成可防水渗漏的土面屋顶,在此种植花木。台层的角落处安置了提水的辘轳,将

空中花园复原图

水从位于两排拱顶房间之间的井里提到顶层台地,逐层往下浇灌植物,同时可形成活泼动人的跌水。蔓生和悬垂植物及各种树木花草遮住了部分柱廊和墙体,远远望去仿佛立在空中一般,空中花园便因此而得名。

空中花园被誉为古代世界七大奇迹之一,对今天的造园有很大的启示作用。

台层种植

结构剖面示意图

4.3　澳大利亚

实例 1　墨尔本市政广场
(Melbourne's Feberation Square,1976 年)

该广场是按照改建规划获奖方案建造的,是该市颇有吸引力的城市空间。设计者计划将广场改建为活跃的、富有生活气息的、市民与旅游者交往的活动场所和城市的信息中心。

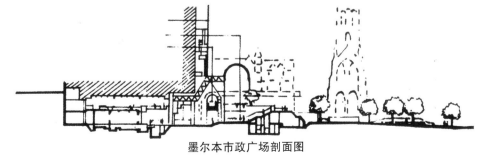

墨尔本市政广场剖面图

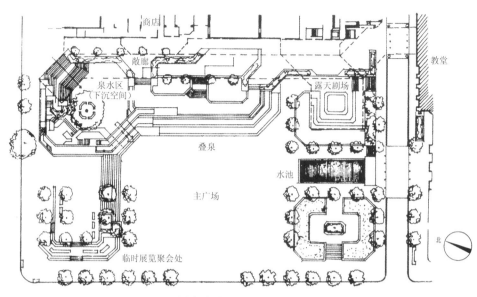

墨尔本市政广场平面图

该城市中心区路网为方格形,因此,市政广场是一规则的长方形空间,其面积为6 000平方米。广场南侧为大教堂,北侧有市政厅,东侧是广场主要建筑,即一座历史悠久的剧院。在改建中保留了剧院,并在其下面建造了新的剧院和几家酒店、餐馆。这为前来活动的市民提供了消遣的好去处。在广场正面,靠剧院的侧墙扩建了玻璃顶的大拱廊,廊内植有花木,为市民购物休息的场所。在广场中央留出一块较大的开阔场地,供庆典、狂欢活动用。广场的四个角均设置了亲切宜人的小空间,其中一处为半露天剧场,可容纳300多人;一处为叠泉区;另两处以树木、花坛围合,供临时性的展览或游人休息用。

市政广场的规划设计,用了多种手法,在有限的场地上,创造出了多个活动的空间。广场上经常有丰富的活动,气氛活跃。

广场一角

水池

休息设施

实例 2 斯旺斯通步行街(Swanston Street Walk,1992 年)

设计:[澳大利亚]墨尔本市城市设计部

斯旺斯通是墨尔本的主要历史性街道,曾为城市南北向的交通干道。作为城市优先步行、限制私车的一部分,1992 年被改建为只有人行和电车通行的步行街,并更名为斯旺斯通步行街。

斯旺斯通步行街长 900 米,纵贯墨尔本市中心。这条直线形的大街有宽 30 米,包含位于柏油路两边的宽 8.6 米的人行道,柏油路中间有电车道贯穿其中。墨尔本市决定保持城市街道特性,保留了人行道铺地、路缘及车道的组合。这一设计的优点是具有明确的象征性,并从视觉上强调了线性的空间序列。改建后人行道全部更新为一种当地的蓝灰色玄武岩铺地。街道中的城市设施也被重新设计,形成了绿色的钢制长凳、花坛、隔断、咖啡桌椅等。街上的灯具、树木、灌木也加以了更新,使步行街成为一

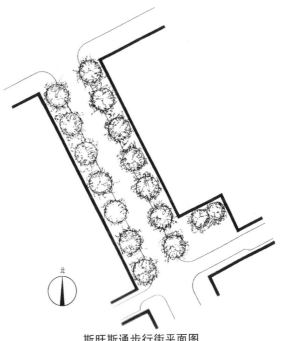

斯旺斯通步行街平面图

条林荫大道。以"室外艺术廊"形式出现的一系列艺术装饰品也是斯旺斯通街改造的一个重要内容。灰色交通道和蓝灰色步行道构成的简单街道空间中,各种灯柱和各种技术设备用房被漆成了鲜艳的色彩和图案。

在城市鼓励步行公共空间的政策基础上,斯旺斯通步行街成为墨尔本一条极具特色的漫步林荫道。

街头雕塑

室外咖啡座

座椅

斯旺斯通步行街

实例3　南岸公园(South Bank Park,1992年)

　　南岸公园位于澳大利亚昆士兰州首府布里斯班市,是布里斯班河南岸重要的开发项目之一。它因成功举办了1988年世界博览会而闻名于世。

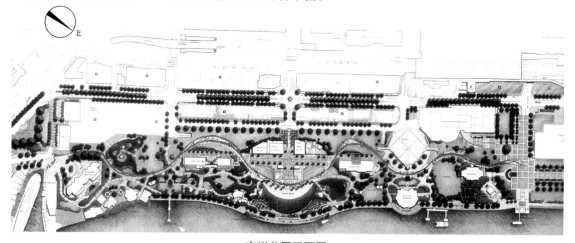

南岸公园平面图

友好大桥

滨河空间

　　世界博览会结束以后,南岸公园不断发展演变成占地16万平方米的城市绿洲和文化用地,与城市在结构与功能上始终保持着良好的关联。在空间结构上,公园以一种亲和的态势完全向城市开放,成为市民和游客随时可以利用的滨水活动场地。北面与水域空间相融合,河流似乎也成了公园的有机组成部分,与对岸呼应设置的多个码头加强了两岸的水上交通联系;南部可以从城市的多条道路进入,甚至在建筑空间布置上也考虑了公园内外的直接连通。如站在半露天剧场(Suncorp Piazza)公园内的一侧,可以清晰地通过开敞的主通道看到公园外道路上的车流和行人;东西两侧则借由滨河绿化与亲水步道的不断延伸与外部城市的界线渐为模糊。另外,2001 年建成的世界上最长的人行桥之一——友好大桥(The Goodwell Bridge)也增强了主城与公园的步行联系。

公园藤架

　　在功能布局上,博览会曾经使用过的大部分建筑已被拆除,仅有尼泊尔宝塔等少量建筑物被保留下来叙述着当年的历史。经过多年的改建和增建,现在的南岸公园已经发展成为一个现代化的包含多种高档水滨文化娱乐设施的复合式公园。西侧多座文化建筑面向河流设置中心广场与滨水岸地相契合,极好地营造了水滨文化氛围;东部集聚的餐饮设施已发展成为布里斯班最具特色的河畔餐厅;而新建的以叶子花属植物修饰的钢制藤架,则作为一条主线串连起园内的各种设施,使公园的结构体系更为明晰,促进了人们对各类滨水设施的充分利用。

　　南岸公园在结合水体治理、带动滨水地区开发以及处理世博园后续建设与水体、城市的关系等方面都有许多成功之处,是世博园建设与河流整治相辅相成的典范。

参考文献

[1] 罗哲文.中国古园林[M].北京:中国建筑工业出版社,1999.

[2] 张祖刚.世界园林发展概论——走向自然的世界园林史图说[M].北京:中国建筑工业出版社,2003.

[3] 齐康.纪念的凝思[M].北京:中国建筑工业出版社,1996.

[4] 楼庆西.中国古建筑二十讲[M].北京:三联书店,2001.

[5] 李敏.华夏园林意匠[M].北京:国建筑工业出版社,2008.

[6] 潘谷西.中国建筑史[M].北京:中国建筑工业出版社,2001.

[7] 黄健敏.阅读贝聿铭[M].北京:中国计划出版社,1997.

[8] 王天锡.贝聿铭[M].北京:中国建筑工业出版社,1990.

[9] Sasaki 设计事务所.人类成就的轴线——奥林匹克公园[J].时代建筑,2003(02):66-69.

[10] 胡洁,吴宜夏,吕璐珊.北京奥林匹克森林公园景观规划设计综述[J].中国园林,2006(06):1-7.

[11] 朱小地,张果,孙志敏,王玥.北京奥林匹克公园中心区景观设计[J].建筑创作,2008(07):34-61.

[12] 宁晶.日本庭园文化[M].北京:中国建筑工业出版社,2008.

[13] 刘先觉.桂离宫——日本古典第一园[J].中国文化遗产,2008(3):106-109.

[14] 刘庭风.金阁寺庭园[J].园林,2007(3):8-9.

[15] 王星航.日本现代景观设计思潮及作品分析[D].天津大学建筑学院学位论文,2004.

[16] 宋扬.龙安寺枯山水庭园浅析[J].山西建筑,2008(8):733.

[17] 章俊华.日本景观设计师户田芳树[M].北京:中国建筑工业出版社,2002.

[18] 王晓俊.西方现代园林设计[M].南京:东南大学出版社,2000.

[19] 刘庭风.日本园林教程[M].天津:天津大学出版社,2005.

[20] 刘海燕.中外造园艺术[M].北京:中国建筑工业出版社,2009.

[21] 杨滨章.外国园林史[M].哈尔滨:东北大学出版社,2003.

[22] 陈志华.外国建筑史(19世纪末叶以前)[M].北京:中国建筑工业出版社,2004.

[23] 罗小未,蔡琬英.外国建筑历史图说(古代—十八世纪)[M].上海:同济大学出版社,1986.

[24] 刘绍山.纪念建筑设计的典范——评《日月同辉——南京雨花台烈士纪念馆、碑轴线群体的创作设计》[J].新建筑,1999(3):56-58.

[25] 武小慧.南京雨花台烈士陵园纪念区植物景观配置赏析[J].中国园林,2004(5):44-47.

[26] 王向荣,林箐.西方现代景观设计的理论与实践[M].北京:中国建筑工业出版社,2002.

[27] 林箐."伟大风格"——法国勒·诺特尔式园林(1)[J].中国园林,2006(3):35-36.

[28] 汪海鸥.屋顶开放空间设计研究[D].大连:大连理工大学建筑与艺术学院学位论文,2007.

[29] 雅克·斯布里利欧.萨伏伊别墅[M].迟春华,译.北京:中国建筑工业出版社,2007.

[30] 王向荣,林箐.拉·维莱特公园与雪铁龙公园及其启示[J].中国园林,1997(2):26-29.

[31] 扬·盖尔,拉尔斯·吉姆松.新城市空间[M].何人可,张卫,邱灿红,译.北京:中国建筑工业出版社,2000.

[32] 王晓俊.西方现代园林设计[M].南京:东南大学出版社,2002.

[33] 孟刚,李岚,李瑞东,等.城市公园设计[M].上海:同济大学出版社,2003.

[34] 吴人韦.英国伯肯海德公园——世界园林史上第一个城市公园[J].园林,2000(3):41.

[35] 郦芷若,朱建宁.西方园林[M].郑州:河南科学技术出版社,2002.

[36] 朱建宁.西方园林史——19世纪以前[M].北京:中国林业出版社,2008.

[37] 陈志华.外国古建筑二十讲[M].北京:三联书店出版社,2002.

[38] 芭芭拉·塞加利.西班牙与葡萄牙园林——世界名园丛书[M].张育楠,张海澄,译.北京:中国建筑工业出版社,2003.

[39] 刘先觉.密斯·凡·德罗[M].北京:建筑工业出版社,1992.

［40］吴焕加.20 世纪西方建筑史［M］.郑州:河南科学技术出版社,1998.

［41］王向荣.德国的自然风景园(上)［J］.中国园林,1997(05):35-38.

［42］徐冬梅.世界文化遗产——穆斯考尔公园［J］.园林,2008(11):34-35.

［43］应旦阳.慕尼黑奥林匹克公园设计［J］.中国园林:2005(12):6-12.

［44］刘先觉.阿尔瓦·阿尔托［M］.北京:中国建筑工业出版社,1998.

［45］大师系列丛书编辑部.阿尔瓦·阿尔托的作品与思想［M］.北京:中国电力出版社,2005.

［46］陈英瑾.人与自然的共存——纽约中央公园设计的第二自然主题［J］.世界建筑,2003(4):86-89.

［47］罗小未.外国近现代建筑史［M］.北京:中国建筑工业出版社,2004.

［48］成寒.瀑布上的房子［M］.北京:三联书店出版社,2003.

［49］戴维·拉金,布鲁斯·布鲁克斯·法伊弗.弗莱克·劳埃德·赖特:建筑大师［M］.苏怡,齐勇新,译.北京:中国建筑工业出版社,2004.

［50］王建国.城市设计［M］.南京:东南大学出版社,1999.

［51］林箐.托马斯·丘奇与"加州花园"［J］.中国园林,2006(6):62-65.

［52］马军山.因地制宜　面向生活——美国风景园林设计师 E.埃克博的设计思想及作品研究［J］.华中建筑,2003(6):74-76.

［53］林箐.美国当代风景园林设计大师、理论家——劳伦斯·哈普林.中国园林［J］.2000(3):56.

［54］夏建统.对岸的风景:美国现代园林艺术［M］.昆明:云南大学出版社,1999.

［55］许力.薛恩伦,李道增,等.后现代主义建筑 20 讲［M］.上海:上海社会科学院出版社,2005.

［56］李之吉.中外建筑史［M］.长春:长春出版社,2007.

［57］埃德温·希思科特.纪念性建筑［M］.朱劲松,林莹,译.大连:大连理工大学出版社,2003.

［58］周卜颐.美国越战纪念碑与青年商会总部全美设计竞赛［J］.建筑学报,1991(2):14-15.

［59］刘晓明,王朝忠.美国风景园林大师彼得·沃克及其极简主义园林.中国园林［J］,2000(4):59-61.

［60］夏祖华,黄伟康.城市空间设计［M］.南京:东南大学出版社,2002.

［61］弗朗西斯科·阿森西奥·切沃.世界景观设计:城市街道与广场［M］.甘沛,译.南京:江苏科学技术出版社,2002.

［62］刘晓明.风景过程主义之父——美国风景园林大师乔治·哈格里夫斯［J］.中国园林,2001(3):56-58.

［63］姚雪艳.城市中心的公共客厅——美国城市中心区公共活动广场小记［J］.园林,2004(6):8-9.

［64］吕元,宛素春,张建.城市广场点评［J］.北京规划建设,2003(2):36-42.

［65］康楠.古罗马与古希腊的建筑风格对比研究——以古罗马共和盛期和雅典卫域的建筑为例［J］.艺术科技,2014,27(1):259.

［66］大师系列丛书编辑部.路易斯·巴拉干的作品与思想［M］.北京:中国电力出版社,2005.

［67］谢工曲,杨豪中.路易斯·巴拉干［M］.北京:中国建筑工业出版社,2003.

［68］任京燕.巴西风景园林设计大师布雷·马科斯的设计及影响［J］.中国园林,2000(5):61-62.

［69］任刚.建筑之美［M］.北京:世界知识出版社,2004.

［70］杨春侠.滨水世博园建设与后续开发——解析澳大利亚布里斯班南岸公园［J］.时代建筑,2003(4):54-57.

［71］沈守云.现代景观设计思潮［M］.武汉:华中科技大学出版社,2009.

［72］张祖刚.建筑文化感悟与图说:国外卷［M］.北京:中国建筑工业出版社,2008.

［73］沈玉麟.外国城市建设史［M］.北京:中国建筑工业出版社,1989.

［74］王受之.世界现代建筑史［M］.北京:中国建筑工业出版社,1999.

［75］马克·特雷布.现代景观:一次批判性的回顾［M］.丁力扬,译.北京:中国建筑工业出版社,2008.

［76］针之谷钟吉.西方造园变迁史:从伊甸园到天然公园［M］.邹洪灿,译.北京:中国建筑工业出版社,1991.

［77］卜菁华,田轶威.法国圣米歇尔山的历史景观保护与更新［J］.中国园林,2004(1):47.

［78］徐艳文.充满艺术魅力的卢森堡公园［J］.花木盆景(花卉园艺),2013(09):20-21.

［79］杜佩璐.法国城市公园中历史文化的体现——以巴黎城市公园为例［D］.四川大学学位论文,2010.

［80］崔柳,陈丹.近代巴黎城市公园改造对城市景观规划设计的启示［J］.沈阳农业大学学报:社会科学版,2008(06):738-742.

［81］崔柳.法国巴黎城市公园发展历程研究［D］.北京林业大学学位论文,2006.

［82］熊旅鑫.庄园景观设计研究［D］.浙江农林大学学位论文,2012.

［83］张夫也,肇文兵,滕晓铂.外国建筑艺术史［M］.长沙:湖南大学出版社,2007.

［84］尹国均.图解西方建筑史［M］.武汉:华中科技大学出版社,2010.

［85］朱淳,张力.景观艺术史略［M］.上海:上海文化出版社,2008.

［86］李波.建筑文化大讲堂(中卷)——世界古代建筑［M］.呼和浩特:内蒙古大学出版社,2009.

［87］黄盈.波波利花园空间序列分析［J］.美与时代(上),2012(12):85-87.

［88］刘华英.城市公共空间的规训功能——以威尼斯的圣马可广场为例［J］.历史教学问题,2010(01):88-92.

［89］赵晶,朱霞清.城市公园系统与城市空间发展——19 世纪中叶欧美城市公园系统发展简述［J］.中国园林,2014(09):13-17.

［90］张英杰,李禹.从菲埃索罗美第奇庄园管窥小普林尼造园思想［J］.山西建筑,2010(29):346-347.

［91］张衡春,王旭.建筑创作中的复古思潮述评——以古典复兴、浪漫主义、折衷主义为例［J］.华中建筑,2010(07):199-201.

［92］罗静兰.举世闻名的雅典卫城建筑群［J］.华中师院学报:哲学社会科学版,1983(01):66-72.

［93］常超.论古典时期雅典城市发展的特点及原因［D］,西安:陕西师范大学学位论文,2013.

［94］赵辉.圣马可广场的空间形态解析［J］.建筑与文化,2015(06):129-131.

［95］齐方,赵秀恒.圣马可广场研读［J］.南方建筑,1996(04):22-24.

［96］余娜.石头卫城［J］.建筑技艺,2010(06):124-129.

［97］吴颖心.探索波波利园之美［J］.美与时代(上),2014(05):60-61.

［98］海峰.威尼斯的圣马可广场［J］.科学大观园,2012(06):13-14.

［99］高缘.威尼斯圣马可广场［J］.北京房地产,1996(05):49-50.

［100］马盟雨,李雄.英国规则式造园风格演绎探究——以汉普顿宫苑为例［J］.建筑与文化,2015(05):163-165.

［101］佳荧.永恒的经典——雅典卫城［J］.北京宣武红旗业余大学学报,2005(02):14-15.

［102］何跃.自组织城市新论［D］.山西大学学位论文,2012.

［103］王瑞珠.世界建筑史·古希腊卷(上下)［M］.北京:中国建筑工业出版社,2003.

［104］梁旻,胡筱蕾.外国建筑简史［M］.上海:上海人民美术出版社,2007.

［105］王蔚.外国古代园林史［M］.北京:中国建筑工业出版社,2011.

［106］刘松茯.外国建筑历史图说［M］.北京:中国建筑工业出版社,2008.

［107］周向频.中外园林史［M］.北京:中国建材工业出版社,2014.

［108］梁耀元,陈小奎,李洪远,等.水资源保护［J］.韩国首尔清溪川的恢复和保护,2010(06):93-100.

［109］林小峰.外法自然　内修造化——枡野俊明"青山绿水的庭"赏析［J］.园林,2009(11):46-49.

［110］詹姆斯·G.特鲁洛夫.当代国外著名景观设计师作品精选——枡野俊明［M］.余高红,王磊.北京:中国建筑工业出版社,2002.

［111］牛新艳.关于梦窗疏石的西芳寺庭园禅意的研究［J］.学园,2013(25):187-188.

［112］史轩.日本传统园林文化研究——以修学院离宫与颐和园的对比为例［D］.北京林业大学学位论文,2014.

［113］林俊强,彭伟洲.可持续发展之路——新加坡滨海湾花园［J］.动感(生态城市与绿色建筑),2012(03):40-47.

［114］杨思勤.新加坡滨海南花园［J］.城市建筑,2012(4):98-105.

［115］刘庭风,张灵,李长华.对自然美的膜拜——日本古典名园赏析(二):修学院离宫［J］.园林,2015(10):6-7.

［116］阮仪三.江南古典私家园林［M］.南京:译林出版社,2012.

［117］沈福煦."苏州名园"赏析(三)狮子林［J］.园林,2005(01):28.

［118］敖惠修.美国金门公园漫游［J］.广东园林,2010(04):74-73.

［119］赵庆泉.世界十大花园之一——布查特花园［J］.中国花卉盆景,2010(07):2-4.

［120］曹雅倩.生态恢复的典范——加拿大布查特花园赏析［J］.花木盆景(花卉园艺),2011(05):40-42.

［121］王雪.以生态修复技术为基础的寒地城市公园绿地景观营造研究［D］.东北农业大学学位论文,2012.

［122］沈福煦."苏州名园"赏析(九):环秀山庄［J］.园林,2005(07):8-9.

［123］刘庭风.对自然美的膜拜——日本古典名园赏析(三):仙洞御所［J］.园林,2005(11):6-7.